U0278094

（皇冠）世界经典动物名著 美绘版

CROWN CLASSIC

昆虫记 [下]

KUN CHONG JI

[法] 法布尔◎著

王 光◎选译

中国少年儿童新闻出版总社
中国少年儿童出版社

KUN CHONG JI
昆虫记

图书在版编目（CIP）数据

昆虫记.下：美绘版 /（法）法布尔（Fabre，J. H.)著；王光选译.—北京：中国少年儿童出版社，2006.11（2025.1 重印）

（世界经典动物名著）
ISBN 978-7-5007-8375-6

Ⅰ.昆… Ⅱ.①法… ②王… Ⅲ.昆虫学-青少年读物 Ⅳ.Q96-49

中国版本图书馆 CIP 数据核字(2006)第 134688 号

KUNCHONG JI
（下）

出版发行： 中国少年儿童新闻出版总社
中国少年儿童出版社

执行出版人：马兴民
责任出版人：缪 惟

总 策 划：徐寒梅	译 者：王 光
本书策划：缪 惟 高秀华 胡 光	装帧设计：缪 惟 潘宏伟 欧阳永华
责任编辑：缪 惟 高秀华 陈白云	插 图：林 冬
美术编辑：缪 惟	责任印务：厉 静

社 址：北京市朝阳区建国门外大街丙 12 号	邮政编码：100022
编 辑 部：010-57526320	总 编 室：010-57526070
发 行 部：010-57526568	官方网址：www.ccppg.cn

印刷：北京缤索印刷有限公司

开本：720mm×1000mm 1/16	印张：10.25
版次：2006 年 11 月第 1 版	印次：2025 年 1 月第 38 次印刷
本册字数：110 千字	印数：402501—409500 册

ISBN 978-7-5007-8375-6	定价：46.00 元（套）

图书出版质量投诉电话：010-57526069　　电子邮箱：cbzlts@ccppg.com.cn

目录 CONTENTS

目录 CONTENTS

昆虫母性 | 代序

筑窝造巢，保护家庭，这是集中了各种本能特性的至高表现。鸟类这灵巧的工程师，让我们领略到这一点；才能更趋多样化的昆虫，又让我们领略了这一点。昆虫告诉我们："母性是使本能具备创造性的灵感之源。"母性是用以维持种的持久性的，这件事比保持个体的存在更要紧。为此，母性唤醒最浑噩的智力，令其萌发远见卓识。母性是三倍神圣的泉源，难以想象的心智灵光潜藏在那里；待其突然光芒四射，我们便于恍惚当中顿悟到一种避免失误的理性。母性愈显著，本能愈优越。

在母性与本能的关系表现方面，最值得重视的是膜翅目昆虫，它们身上凝聚着深厚的母爱。一切得天独厚的本能才干，都被它们用来为后代谋求食宿。它们的复眼将绝不可能看到自己的家族了，然而凭着母性预见力，它们对这家族有着清醒的意识。正由于心中装着自己的家族，它们使自己成为身怀整套技艺的各种行家里手。于是，在它们当中，有的成了棉织品或其他絮状材料缩绒制品的手工厂主；有的成了用细叶片编制篓筐的篾匠；有的干起泥瓦匠，建造水泥宅室和碎石块屋顶；有的办起陶瓷作坊，用黏土捏塑精美的尖底瓮，还有坛罐和大肚瓶；也有的潜心于挖掘技术，在闷热潮湿的工作条件下，掘造神秘的地下建筑。它们掌握许多与我们相仿的技艺，甚至连我们都仍感生疏的不少技艺，也已经在昆虫那里实际应用于住宅建设了。解决了住宅问题，还要解决未来的食物问题：它们制作蜜团，制作花粉糕，还有那巧为软化的野味罐头。这类以家庭未来为头等大计的工程，闪耀着由母性激发出来的那种最高本能的光辉。

昆虫学范围内的其他各类昆虫，母爱一般都显得粗浅草率。它们把卵产在良好的地点，这之后就靠幼虫自己，冒着失败的风险，面对丧生的威胁，去寻找栖身处所和食物。几乎绝大多数的昆虫，都是这样对待后代。养育过程既然如此简单，智能也就无关紧要了。里库格①把艺术从他的斯巴达共和国里统统驱逐出去，他指责艺术使人委靡。按斯巴达方式养育出的昆虫，自身那些最高级的本能灵性就这样消失泯灭了。母亲从照料摇篮所需的诸种温柔细腻的操持中超脱出来，其一切特性中最为优越的智能特性便随之逐渐削弱，直至最终消失。所以，无论就动物而言，还是就人类而言，家庭都是产生对精益求精、尽善尽美追求的一种根源。这一点千真万确。

J·H·法布尔

①里库格：公元前九世纪斯巴达国家的著名立法者。也译作"莱喀古士"。

螳螂猎食

TANGLANGLIESHI

这里要说的，还是一种南方昆虫。这虫类和蝉一样有趣；但它的名气小多了，都是它默不作声的缘故。如果老天赐给它一副钹，使之具备能博得人们欢心的首要条件，那么再加上自己奇特的形体和习俗，它一定会使那著名歌唱家的声誉黯然失色。我们这地方的人，把它叫做"祷上帝"。它的学名，采用的是"修女袍"①。

科学用语和农民的天真词语，在这里是吻合的：一个是把这古怪的造物视为沉湎于神秘信仰的苦行修女，一个是把它看成传达所悟神谕的女占卜士。人们很久以前就开始进行比较了。古希腊人已经称这种昆虫为"占卜士"，或者"先知"。庄稼人其实颇懂得类比，他是在掌握大量外观资料的基础上，加以想象丰富的充实性发挥。他在烈日灼烤的草地上，看到一只仪表堂堂的昆虫正庄重地抬起前半身。他注意到，虫子身上那副宽大的绿色薄翅，就像拖拉到地面的长长的亚麻布披袍；他发现，那双可以称之为胳膊的前爪正举向天空，活脱脱一副祈祷的姿势。这就足够了，剩下的由人民大众的想象力去完成。于是，从古

---

① 修女袍：螳螂的俗称，因为它长长的膜翅好像修女披的长袍，故得此名。法国人至今沿用这一称谓，法国昆虫学界也以此作为该虫类的学名。原文再出现"修女袍"(Mante)称谓时，酌情译为中国人通常所称的"螳螂"。

代起，就有了在荆棘丛里居住的演示神谕的女占卜士和祈祷上帝的修女。

　　啊，充满孩童稚气的可爱的人们，你们犯的是何等的错误哟！这静默祈祷的神情举止，掩盖着残忍的习俗；这擎举着乞求的一双胳膊，其实是专干劫持的可怕家什，它们并不拨念珠，而要结果过往行人的性命。人们恐怕怎么也猜想不到，这虫类竟是直翅目食草昆虫序列的一个例外虫种：它只以捕捉活食为生。它是威胁昆虫界和平居民的老虎，它是吃人巨妖，埋伏在那里，只等鲜美的肉食送上前来，便把它捉住吃掉。它的力气本来就够大了；这强劲再加上嗜肉的胃口和效力惊人的捕猎器，可想而知，将足以变成威慑乡野的一种恐怖。所谓"祷上帝"之虫，看来非成为穷凶极恶的刽子手不可。

　　如果撇开那对致命的捕猎家什不论，螳螂实在没有什么让人害怕的地方，甚至还不乏优美呢。你看，那苗条的身腰，那俏丽的短上衣，那一身的淡绿，还有那长长的纱罗翅膀。它没有张开来像剪刀的凶狠大颚；相反，长着的是一副又细又尖的小嘴儿，看上去就像是啄食的。脖颈从胸廓中拔立而出，可以弯曲扭动；脑袋更能够灵活转动，既可左旋右转，又可前探后仰。昆虫当中，惟有螳螂能调动视线；它会察看，会打量；它那副嘴脸简直能做出表情来。

　　安详的整体外观，却配上了素有"劫持爪"之称的前肢凶器，二者形成强烈的对比反差。髋部②非同寻常地长而有力，是用来抛甩狼夹子的。这副狼夹子，不是坐等送死鬼踩踏上来，而是主动伸出去抓捕。捕猎器经稍稍装饰，显得十分漂亮。髋部根基内侧，都装饰着一个美丽的黑色圆点；圆点中心有白色眼斑，圆点周围有微粒珍珠做陪饰。

　　大腿③较长，呈扁梭状，其前半段下侧生着两行锋利的齿刺。靠内侧的一

---

② 髋部：作者所称的髋：指螳螂胸段与腰段结合部位生出的一对"镰刀"的刀柄一段。顺便说明一句，螳螂的腰段后部生着的是两对支撑肢爪；其后才是又宽又长的腹部。
③ 大腿：位置在髋(刀柄)的前面，是"镰刀"两段刀身中的后一段。

　　行，长短相间地排列着十二个齿，其中长齿为黑色，短齿为绿色。长短相间的排列方式，增加了铰合点，对发挥武器的效力有利。靠外侧的一行齿刺，结构简单，只有四个齿。两行齿刺后面，还支着三个最长的齿刺。简而言之，大腿是带平行的两排尖齿的锯条，两排尖齿之间形成一道槽沟。大腿前面，是回折式小腿，可以折合进大腿的槽沟。

　　小腿生在与大腿相连的关节上，非常灵活。它也是带平行的两排尖齿的锯条，锯齿比大腿的小，但齿数比大腿的多，排列得更紧凑。小腿终端是一只粗实的钩子，其锐利能够与上好的钢针相匹敌。钩体下侧有一道细槽，细槽的两个边都是利刃，犹如一对弯刀，又像一对截枝刀。

　　这钩器是性能极佳的戳刺割划工具，我一想到它，就隐约产生一种刺痛感。捉螳螂时，不知被刚抓在手里的坏家伙钩划过多少回。双手腾不出来，只能求别人帮助，好不容易才从态度强硬的俘虏爪下摆脱出来！谁不先拔出扎进皮肉的钩子就强行挣脱，他准要像挨了玫瑰刺钩划一样，弄得双手伤痕累累。没有比螳螂更难摆布的昆虫了。这家伙用截枝刀尖割划你，用针尖扎你，用老虎钳夹你。你简直没法对它实施有效防御，因为你一心想的是要抓得住而抓不死，所以手指不敢使劲儿；如果一使劲儿，战斗就会随着螳螂被捏烂而立即宣告结束。

　　螳螂休息的时候，把捕猎器收折回来，端在胸前，做出一副不伤人的模样。我们此时此刻看到的，就是所谓的"祷上帝"。一只猎物走过这里，霎时间，祈祷的姿势消失了。三段构件组成的捕猎器突然伸出，将前端的钩子送到远处。只见那钩子一钩一收，捕获物便夹在了两段锯条之间。接着做一个大小臂那样的合拢动作，老虎钳吃上了劲，嗯，大功告成。蝗虫也好，螽斯也罢，纵使是其他劲头更大的小动物，一旦被那四排尖齿铰住，便只能束手就擒。无论它绝望地颤抖还是拼命地蹬踹，那令人毛骨悚然的兵器都不会松开。

　　在虫类不受约束的野外，无法对昆虫习俗进行连续不断的研究，我们必须采取家养的办法。此事做起来一点儿不难：螳螂不在乎自己是否被软禁在钟形笼里，只要食物喂得好就行。我们把最可口的食物给它吃，而且每天都换换食谱花样。这样做上一段时间，它对荆棘丛的苦恋就逐渐淡薄下来了。

　　我给我的俘虏们准备了十只笼子，都是金属网制作的宽敞的钟形笼，和饭桌上防止苍蝇接触食品的纱罩差不多。笼子坐落在盛满沙土的瓦罐上。笼子里放一束百里香，一块石片，这就是为居室配备的全套家具。石片将来可以为产卵服务。这一幢幢小别墅，排列在虫子实验室的大台桌上，白天的大部分时间里太阳都光顾台桌。俘虏被安顿在笼子里，有些是单独囚禁，有些是成组囚禁。

八月的后半月，我才开始在道旁路边发黄的草丛和荆棘丛里，见到螳螂的成虫。在户外，肚子滚圆的雌螳螂一天比一天多起来。可是，它们的又瘦又小的异性伙伴却日渐稀少，害得我有时要为补齐笼内雌性的配偶而大伤脑筋。之所以还要补齐配偶，是因为笼子里经常发生雄矮子被吃的悲剧。那惨痛的一幕等会儿再说，现在还是谈雌螳螂。

雌螳螂吃得特别多，喂养期又长达数月，所以，供养它们可不那么容易。我差不多每天都投放新食，但其中一大部分，都只被它们很瞧不起地尝上几口，然后就浪费掉了。我敢断言，在荆棘丛生的故里，螳螂一定比较注意节约，因为野味并不充裕，它要最大限度地利用捕捉到手的食物。可是在笼子里，它却这样挥霍无度。一份好端端的食物，经常是咬几口就随手丢掉，尽管可吃的部分还多得很，也不再继续受用。依我看，螳螂这是在以奢侈作风掩饰身陷囹圄的苦恼。

为了供应这奢华用餐的消费品，我必须求别人帮助才行。从附近找来两三个无所事事的小孩，给他们一些面包片或甜瓜块，于是他们一早一晚，跑到周围一带的草地上，把芦苇秸编的小笼子都装满。每次回来，笼子里挤着活蹦乱跳的蝗虫和螽斯。至于我自己，则手握捕虫网，每天在围墙里转一圈，专心致志地设法给我的食客们搞点儿高级野味。

这些野味精品的作用，是帮助我了解螳螂的胆量和力气究竟有多大。这类活食包括灰蝗虫、白面螽斯、蚱蜢和无翅螽斯。灰蝗虫的个头儿，比吃它的螳螂还大；白面螽斯装备着强有力的大颚，连你的手指都要当心着点儿；蚱蜢造型古怪，梳着状似金字塔的主教帽发式；葡萄无翅螽斯能让自己的钹发出"吱嘎"怪音，滚圆大肚的末端还拖着一把大刀。在这难以下口的野味套餐之外，再加上两道令人生畏的野味：一道是丝光蛛，它那花彩盘一般的圆肚子，大得像枚二十索的硬币；另一道是王冠蛛，它那蓬头垢面，大腹便便的模样，让人不寒而栗。

处在自由状况下的螳螂，会向诸如此类的敌方发动进攻。这一点不容置疑，因为我看到，即使在笼子里，无论什么东西出现在身旁，它都奋起作战。住在金属网里面，螳螂利用着我慷慨提供的财富；那么潜伏在灌木丛中，它所应当利用的便是偶然机会。种种历经艰险的大规模捕猎行动，在笼内是不会即兴重演的，那类行动只能作为一种惯常性的行为表现出来。总之，笼子里不大可能出现那样的捕猎场面，因为不具备客观条件。而这一点，也许正是螳螂所备感遗憾的。

抓在螳螂劫持爪间的，通常是各种蝗虫，还有蝴蝶、蜻蜓、大苍蝇、蜜蜂，以及其他中等体型的猎物。我的笼中猎手，从来没有在任何活食面前表现怯懦，什么灰蝗虫和白面螽斯，什么丝光蛛和王冠蛛，迟早都要被它钩住，夹在锯条之间动弹不得，最后被津津有味地嚼碎。这情形值得详细介绍一下。

网壁上的大蝗虫，正昏头昏脑地向螳螂靠近，只见螳螂突然痉挛般一跳，刹那间拉起一副吓人的架势。电流振荡的效应，其迅疾大概也就是如此吧。情态转变得那么急骤，架势摆得那么可怕，如果是经验不足的观察者，会立即犹豫起来，把手缩回去，生怕发生意料不到的危险。就连我这惯于此道的老手，如果心不在焉，也免不了有大吃一惊的时候。你面前"砰"地跳出一个怪物，就像从小盒子里突然弹出的小魔鬼。

接着，膜翅打开了，顺着身体两侧斜甩下来；膜翅下面的薄翅，支成全幅展开的并列双帆；酷似在脊背根上顶起一簇硕大的鸡冠盔饰；腹端上卷成曲棍弯，先向上翘，又向下压，并随着一阵突发性抖动而逐渐松弛下来；这时候，可以听到一种好似出气般的"呼哧呼哧"声，很像公火鸡开屏时发出的那种声响。人们会以为是遇到突发情况的游蛇，正吐着一口一口的气息。

身体高傲地支在四条后腿上，长身儿的上衣挺得笔直。一双劫持爪，起初是收缩着并排端在胸前，现在却左右张开，交叉甩出。就在这当儿，腋窝暴露出来了，那里镶嵌着成行的珍珠，还有一个中心带白斑的黑色圆点。这约略模仿了孔雀尾羽末端斑饰的眼状斑点上，又装饰着细微的象牙质般的凸纹。左右两个斑点，是一对制胜法宝，平时藏而不露；只有在准备作战时，螳螂才打开宝器匣，将一对宝物亮出来炫耀一番，自作威风，自命不凡。

螳螂固定在怪姿势上，眼珠毫不错位地盯住大蝗虫，脑袋随对方的移动而稍做扭转。拉开这副架势，目的很明确，就是要恫吓强壮的野味肉动物，把它吓瘫。否则，对手锐气未挫，很可能制造过大的危险。

这做得到吗？螳螂躲在白面螽斯那光头下面，或者避开蝗虫那长脸的正面而置身其后，它们谁也不会察觉正在发生的事情。这时候，从它们无动于衷的面容上，的确看不出有丝毫的惊慌神色。可是现在，这只处境危险的蝗虫肯定知道有险情。它看见面前立起一个怪物，一对大钩子举得高高，眼看要落将下来；然而，虽然行动还来得及，它却明知死亡就在眼前而并不夺路逃命。它大腿粗壮，堪称跳远健将，蹦跳是它的拿手本领，蹿到远离利爪的地方去，本是轻而易举的事。不料紧急关头，它依然傻乎乎地站在原地，甚至还缓缓靠上前来。

据说，小鸟被蛇张开的大嘴吓瘫，被这爬行动物的目光惊呆，便会听任对方上来猛地咬住自己，自己却根本不能再蹦跳。好多次了，我看到蝗虫的表现几乎和小鸟一样。这不，那蝗虫已经进入螳螂威慑力的有效范围。只见两把铁钩抢下来，钩住来者，双齿刃锯条随即合拢，夹紧。不幸者在那里徒劳地抗议：

9

空咬着大颚，空炮着蹶子。但这一关它非过不可了。这时，螳螂折回翅膀，收起战旗；然后重操正常姿势，开始用餐。

蚱蜢和无翅螽斯，比灰蝗虫和白面螽斯容易制服，因此攻击这些风险系数较低的猎物，不必拉什么架势，也用不了多少时间。

一般情况下，只要甩出双钩就够了。用同样的办法对付蜘蛛也绰绰有余，只管拦腰一夹，不用担心有什么毒钩。自由撒放在笼子里的小蝗虫，是一道大陆菜。和它们打交道，螳螂极少使用蛮横粗暴的手段；它一定要等呆头呆脑的小家伙走到足够近，而后不动声色地把它抓住。

如果要捕捉的活食是有能力反抗的，不可等闲视之，那么螳螂就拉起那副恫吓、威慑的架势，双钩相应采取一下子钩死不放的方法。接着，捕狼夹一个闭合，夹住惊呆的牺牲品，叫它连招架之功都施展不上。猎手以突然拉起打斗架势为手段，置猎物于失魂落魄的境地。

摆出怪姿势时，翅膀也起着很大作用。螳螂的翅膀非常宽阔，四周边缘是绿色的，其他地方是无色半透明的。沿长度方向分布着许多经翅脉，散射成扇面状。还有许多较细的纬翅脉，成直角地横在经翅脉之间，共同形成为数甚多的网眼结构。螳螂拉起打斗架势时，双翅是展开的，支立成两个几乎贴在一起的并列平面，其状与昼蛾休憩时一样。与此同时，在双翅之间，翘卷着的腹端做出一连串的冲动动作。肚皮在翅脉上摩擦，发出一种吐气似的"呼哧呼哧"声，我们在前面曾把这声响比作处于防卫状态的游蛇的动静。只要把手指贴在平展开的翅膀正面迅速移动，就可以模拟出那奇特的声响。

几天未进食，饥饿难忍的螳螂能把和自己同样大小，甚至比自己还大的灰蝗虫，整个吞进肚里，只剩下过于坚硬的翅膀。一份大得惊人的野味肉，只消两个时辰就啃干净了。如此暴食，实属罕见。这样的暴食我观赏过一两次，心里总不免犯嘀咕：这饕餮之徒上哪儿找盛这么多食物的地方呀？容量必小于容器的公理,怎么单为螳螂的利益而颠倒了逻辑呢？让我不禁赞叹的是，一副肠胃竟有如此高超的性能：原料尽管从那里经过，随后就能被消化，被吸收，一切都荡然无存。

蝗虫是笼中螳螂的惯常食品。这类野味肉身材不等，品种繁多。观看螳螂用劫持爪那对钳子夹着小蝗虫蚕食，也是桩饶有兴味的事情。虽说那尖尖的小嘴看上去不是用来大口吃肉的，但活食却被整个吃尽了，剩下的只有翅膀。当然，其中被消化吸收了的，惟有长着肉的躯干部分；肢爪和嚼不烂的硬皮，只是穿肠而过罢了。时常看见螳螂握着一段后肢大腿，劫持爪抓在它下端的关节上，不断送到嘴边，细嚼着，品味着，小脸上流露出惬意的神情。鼓囊囊的蝗虫大腿，完全可以算是螳螂的一块上等好肉，大概等于我们吃的一块羊肉吧。

猎物先从颈背部位开刀。一只劫持爪将钩获的活食拦腰握住，与此同时，另一只劫持爪按在头部，致使脖颈背面的结合部张开一道缝。就从这没有甲胄保护的地方，螳螂把小尖嘴探进去，一点儿一点儿地啃咬，颇有股锲而不舍的劲头儿。眼看着，颈部张开一个偌大的创口。头部淋巴结既已破坏，蹬踹也就自动平息下来，猎物变成不能活动的肉体。这以后，行动自由多了，嗜肉成性的虫子开始尽情享受，爱吃哪儿的，就吃哪儿的。

[原著第5卷《螳螂猎食》一文节译]

大孔雀蛾
的 晚 会

那是个难忘的晚会。我称之为大孔雀蛾的晚会。有谁不知道这种华美的蝶蛾？它是欧洲最大的夜蛾。它穿着栗色的天鹅绒外衣，戴着白色的皮毛脖套。那灰白相间的翅膀，拦腰横着由暗白色"Z"字连成的波浪线纹；边缘有一圈表层呈熏黑色调的白边；正中央是个圆点，像一只由黑瞳孔和红光阑组成的大眼睛；这圆点周围，环包着黑、白、褐、红各种颜色的弧形线条。

体色发黄的夜蛾蚕，同样相貌出众，黑色纤毛构成的一排栅栏，稀疏有致地栽在各个结节的顶部，其间镶嵌着青绿色的珍珠。粗实的棕褐色蚕茧，形状别致，出口是奇特的漏斗形，看上去酷似渔人的捕鱼篓。蚕茧通常紧贴在树皮上，位置都在老扁桃树干的根脚一带。茧壳所在的那棵树，日后将用自己的树叶供养蚕虫。

真没想到，五月六日那天上午，就在我昆虫实验室的台桌上，一只雌夜蛾当着我的面，从蚕茧中脱颖而出。它刚一从潮湿的孵化室钻出来，就被我扣进了金属网钟形笼，浑身还湿漉漉的。我只能这样做，因为事前没有为它准备任何专门的实验计划。我把它监禁起来，按照观察工作者的惯例，密切注视即将发生的一切情况。

结果，我很走运。约莫晚上九点钟光景，全家上床睡觉的时候，隔壁房间传来好一阵木器家具的碰撞声。已经脱掉衣服的小保尔，在那间房子里来回跑

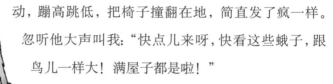

动，蹦高跳低，把椅子撞翻在地，简直发了疯一样。忽听他大声叫我："快点儿来呀，快看这些蛾子，跟鸟儿一样大！满屋子都是啦！"

我赶忙跑过去，这才明白孩子为什么如此情绪振奋，发出听起来吓人的惊叫。原来是发生了一起我家从未见过的侵宅行为：一群偌大的蝶蛾闯进孩子的房间。小保尔已经捉住四只，投进空麻雀笼。还有许多，正在天花板上飞窜。

见此情形，我不由得想起上午那只被扣押起来的雌蛾。"穿上衣服，孩子。"我对儿子说，"把笼子放在那儿，跟我走。我们去看样稀罕东西。"

我们出了孩子的房间，向位于这幢住宅右侧的我的工作间走去。路过厨房，碰上女佣人，她也被正在发生的事件惊得目瞪口呆。只见她正轰赶围裙上的几只大蛾子，怎么也轰不走。乍发现它们，她还以为是蝙蝠呢。

看来，大孔雀蛾在我家各处都占领了少许空间。这祸水都是被我囚禁的那只雌蛾招引来的，可想而知，它自己上方的天花板会成什么样了！真不错，工作间的两孔窗户中，有一孔一直没有关闭，大孔雀蛾的通道畅行无阻。

我们手擎着一支蜡烛，钻进工作间的房门。眼前出现的情景，真可以说终生难忘。一群大孔雀蛾轻拍着翅膀，围着钟形笼飞舞，而后停在笼子上，片刻后飞离开去，过一会儿又飞回来，接着蹿上天花板，然后再一头扎下来。它们扑向蜡烛，翅膀一下子把烛火拍灭了。它们突然落在我们的肩头，抓挂在我们的衣服上，擦掠着我们的脸。于是，这里成了有成群蝙蝠盘旋，供巫师招魂所用的阴暗秘洞。为了壮胆子，小保尔抓住我的手，比以往哪一次都抓得紧。

这些夜蛾有多少？大约二十只。再加上失散在厨房、孩子居室和其他房间里的，闯进我家的夜蛾肯定得有四十来只。我称这是一次难忘的晚会，是大孔雀蛾的晚会。大夜蛾们从四面八方赶来，真不知是怎么得到的通知。它们实际上是四十位恋人，在迫不及待地向一位姑娘致意。那姑娘是今天上午在我工作间的神秘氛围中诞生的；可刚一出世就进入了育龄期。

[原著第7卷《大孔雀蛾》一文节译]

对付菜青虫

DUIFUCAIQINGCHONG

菜粉蝶的一代幼虫，开始时是包在供胚胎发育的小卵囊里，安安稳稳地附着在卷心菜底层的叶片上。可如今，从卵囊的托台直到菜根，这底层部分已经被洗劫一空；构成菜株底部的，只剩下一个个圆洞眼。建筑物的根基结构不见了，留下的仅仅是幼虫定居点的遗迹。小菜青虫现在都移居到上层叶片区，从今以后，菜叶就是它们的食物。它们浅橘黄色的身体上，支着稀疏的白色纤毛。小脑袋乌黑油亮，透着虎虎生气，未来饕餮之徒的气质，这会儿就已经显露出来了。小动物眼下才两毫米长。

虫群一踏上卷心菜的青绿牧场，便开始创造能使身体保持稳定的环境。它们这儿两三只，那儿三五只，每个成员之间留出很近的空当，各自吐着自己的丝线，布下许多短短的缆绳。丝缆格外纤细，用放大镜仔细观察才能看到。没多久，小菜青虫完成一次蜕变，外衣发生变化。浅橘黄底色上，显现出许多黑色斑点，混杂在白色纤毛之间。脱皮是件十分疲劳的工作，这期间，小虫要静卧三四天。这几天一过，饥饿感无法满足的进食期便开始了。其后几个星期，卷心菜会被糟蹋得满目狼藉。

如此厉害的胃口！好一副夜以继日工作的肠胃！这是个吞料的无底洞，食物尽管从中穿过，它们会立即转化成别样的物质。我挑选一束最大的菜叶，投喂给钟形笼里的虫群。两小时后，剩下的只有菜梗。如果新鲜菜叶投放得慢了点儿，虫子们就要接着啃菜梗吃了。照这样的速度，一片一片地投喂，一百公斤卷心菜，大概也不够我一个星期的饲料。

大量繁殖期内，这暴食成性的虫类构成一种灾难。它们哪还会给我们的菜园留下什么！拉丁人伟大自然学家波利纳①的时代，人们在需要保护的卷心菜菜畦中央竖一根木桩，顶端放上一个被太阳晒得煞白的马头骨，最好是母马的头骨。支起这样一个吓人的怪物，据说可以把祸害菜田的败类大批吸引过去。

---

① 波利纳：古罗马自然学家，著有三十七卷本《自然史》。公元79年维苏威火山大喷发之际，前往参加救生和科学考察，不幸以身殉职。

　　我不大信服这种防虫措施。这里说说它，是因为要由此提到我们现在的一种实用方法，这种方法起码在我们那一带被人们采用着。没有比"荒诞"更能经久不衰的了。波利纳讲到的古代菜田保护器，经过不断简化，作为传统保存下来。人们现在用蛋壳代替了马头骨，蛋壳扣在小棍顶端，小棍插在菜田当中。这种装置确乎比昔日简便多了，然而效果没什么两样，依然是无济于事。

　　我发现，智力不清没什么了不起；只要能有点儿盲从轻信的头脑，事理总可以自圆其说。我询问那些农民邻居，他们是这么告诉我的：要说蛋壳的用处，道理再简单不过了；白花花的蛋壳一闪，就能把粉蝶招来下籽儿；小菜青虫在蛋壳上，挨太阳烤还不算完，这光秃秃的地方又找不着吃的，最后就小命儿见阎王了；能闯过这一关的没几个。

　　我刨根问底，请他们说说哪一回看见白蛋壳上有卵粒层，或者幼虫团。

　　"没见过。"他们异口同声。

　　"没见过怎么这么说呢？"

　　"那是从前的事呗，现在我们只管照着做，别的一概不管。"

　　只有这后一句回答，我是认同的，因为它已使我确信，昔日的马头骨深深印在人们的记忆当中，难以磨灭。这同多少世纪以来在农村扎下根的种种荒诞现象，恰恰一脉相承。

　　其实，我们只有一种保护菜田的办法：持续监视菜田，不断察看菜叶，用手指捏碎卵层，用鞋底踩烂幼虫。目前尚无比这更有效的措施。当然，这样做需要花费大量的时间和精力。得到一棵像样的卷心菜，真不知倾注了多少心血！然而，为了这擦地皮的下等植物，为了这虽然衣衫褴褛，但却供我们食用的上等菜类，我们尽什么义务都责无旁贷！

[原著第10卷《菜青虫》一文节译]

亦步亦趋的松毛虫

巴汝奇[1]别有用心地把那只羊扔进大海，结果，商人丹德努的羊都跟随着它，一只接一只地跳进海去。按拉伯雷的说法，这是因为："世上最愚蠢无能的绵羊，本性就是一味追随头羊，头羊往哪儿走，它就往哪儿跟。"松毛虫的行为特征不是出自无能的本性，而是受着客观必要性的规定，因此它比绵羊还绵羊：头一只松毛虫走过的地方，其他同伴都要从那里走过，队伍前后既不拥挤，也不拉开空当。

松毛虫行进时排成一路纵队，宛如一条没有断头儿的长绳，每只虫子都用自己的头够着前一只虫子的屁股。走在队首开路的毛虫，随心所欲地游荡，踏出复杂多变的曲线，所有其他毛虫一丝不苟地踩着它那弯弯曲曲的线路行进。古希腊人前往埃略西斯城朝觐得墨忒耳神庙[2]，排着长长的队伍行进，也从来没有走得像松毛虫这么步调一致。为此，人们把这种啃咬松树的虫子，叫做串行毛虫。

若称松毛虫一生都在走钢丝，这说法很能概括出它的特征。这虫类的确只在抻开的绳索上行走，那绳索是它们一边前进一边铺设就位的轨道。碰巧当上

---

① 巴汝奇：法国十六世纪作家拉伯雷在名著《巨人传》中塑造的一个人物。
② 埃略西斯城：它是位于雅典城西北的一座古代城镇，那里建有谷物女神得墨忒耳的神庙。古希腊时代，每年不断有大批人前往朝觐，队伍排得整齐肃穆。

领头虫的那只毛虫，用垂挂下来的口涎拉成不带断头儿的长线。它按照自己飘忽不定的淡薄意念走出一条路线，同时也就把口中长线安放在了路面上。这丝线实在太细，借助放大镜用肉眼观察，都怀疑是否看真切了。

正是顺着这极窄的丝轨天桥，第二只毛虫跟上来，并且为丝轨又增添一根细丝；第三只毛虫再增添一根细丝；就这样，不管有多少毛虫，都依次将自己的一根细丝抛置在这条通道上。当一长串毛虫排好了队伍，通道上留下的丝痕已经形成一条窄丝带，丝带闪闪发光，折射着太阳的光辉。我们人类的道路系统可不如它们的豪华，它们不是用碎石修筑道路，而要用丝毯铺路。我们是在路上铺撒碎石，然后用沉重的碾子轧出一层平整路面；它们却在路上铺设柔软的丝缎轨道。它们这项关系到全体行路者利益的工程，凝结着每位行路者一根细丝的贡献。

这么豪华有什么用？难道它们不能像其他类毛虫那样，不靠昂贵设施也照样行路吗？我发现，它们采用这种方法，其中有两个道理。结串而行的毛虫们天黑后出动，去啃食松树针叶。一片漆黑之中，它们从坐落在枝梢的窝里爬出来；然后沿无叶的主枝枝干，下到邻近一杈未经啃食的枝叶；随着较高层次的枝叶被剪食，它们不断向较低的位置行动；最后又顺着尚未触动的一杈枝叶，向上爬行，疏散开来，分头在青翠的针叶上歇息。

待体力恢复，夜境也已颇带寒意，现在该回家躲起来了。毛虫们重新排好整齐的长队，互相保持着一臂间隔。这间距虽然很小，行路者却谁也不跨越一步。它们必须从一个十字路口下到另一个十字路口，从针叶下到托枝，从托枝下到杈枝，从杈枝再下到主枝，这之后，才能通过那里多棱多角的小路，最终返回住所。由于是在如此漫长而曲折的路途上寻路而行，即使眼睛能看见也于事无补。诚然，这种毛虫的头部两侧各有五个视觉点，然而它们太小了，用放大镜都很难看得清，真难说它们有什么视野。更何况是在伸手不见五指的黑夜，这些近视眼小颗粒又能起什么作用呢？

　　嗅觉同样无济于事。这种排长队的毛虫有无嗅觉器官？不得而知。虽然我并没有解决这个问题的决心，但总可以证实一下，它们迟钝的嗅觉是不能用来判断方向的。在实验中，我用几只饿肚皮的毛虫证实了这一点。很长一段时间里，我没让这几只虫子进食；可是，当它们从一杈枝叶近旁爬过的时候，却看不出有任何想得到它的欲望，也根本没有停下脚步的意思。给它们提供信息的，其实是触觉。这几只动物的嘴，没有侥幸碰到牧场上的食物，因此尽管饥肠辘辘，却谁也不到松枝那边去。它们并不是奔向嗅到的食物，而是在半道遇上挡住去路的枝叶时，才会停下脚步。

　　既然视觉和嗅觉的作用都排除了，那么，是什么东西引导它们回家的呢？是依然留在路上的拉丝小细绳。在克里特岛的迷宫里，如果不是阿里阿德涅给了他一团线绳，忒修斯就迷路了③。杂乱丛生的松针漫无边际，尤其又是夜里，这也成了一种迷宫，和怪物弥诺陶洛斯的迷宫一样方位难辨。靠了丝线，结串而行的毛虫就可以辨认道路，行进不会发生路线差错。到了该撤退回家的时候，每只松毛虫都能轻而易举地找到自己的丝线，或者旁边同类们的任何一根丝线。这些丝线在虫群辐散开去的时候，铺设成了扇面形的网络；回撤时，散在各个点上的毛虫越凑越近，最后在共用丝带上重新集结成一条长队；而共用丝带的源头，恰好是通到虫巢的。靠着这种可靠的办法，填饱肚子的沙漠旅行队，又返回自己的小城堡。

　　有时，它们白天也开展长途旅行活动，甚至是在冬季，当然天气要好。它

③ 忒修斯迷路：这里引用古希腊神话中的一段故事。说英雄忒修斯进入克里特王的迷宫，杀死里面的半人半牛怪物弥诺陶洛斯，而后顺着用线绳设置的引路绳摸出迷宫。这线绳是克里特王的女儿阿里阿德涅事先为英雄准备的。

们从树上下来，到地上冒险，队伍各成员之间拉开的距离，有毛虫的五十步那么远。这类出游的目的不是寻找食物，因为那棵故乡树远远没有枯竭：被啃食过的枝叶，仅仅是一茬已经充分发育的叶簇。再者，只要夜幕没有降临，它们是绝对保持禁食的。它们白天出门远足没有别的目的，只想进行一番健身散步，并通过朝山进香活动来了解一下附近的情况，视察用得上的地点，以便将来在那里把身体埋进沙土，完成变形。

不言而喻，在这类大规模编队行动中，引路绳是不容忽略的东西，它此时此刻比任何时候都更加不可或缺。全体成员都把自己吐丝器的产品贡献给它，这仿佛成了一条只要前进就必须遵守的成规。没有哪只毛虫向前迈出一步时，不把挂在口中的丝线安放在路上。

如果串连虫队有了一定长度，丝带就会变粗，正好便于毛虫们摸找到它。有一点应该注意到：行进中的毛虫，从来不会调头返身，它们绝对想不到在自己的细绳索上，做一百八十度的大转弯。

为能按来路返回，它们必须先吐出一条迂回到来路上去的丝带。迂回路线的曲折程度和回转弯度，都是由队长一时一己之情绪决定的。正因为如此，虫队时而摸索，时而游移，有时甚至一筹莫展，结果，害得整群毛虫都在家外过夜。家外过夜倒也无妨。只见大家聚拢过来，挤作一团，彼此贴紧身体，一动不动地过上一夜。第二天，或早或晚，寻找归途的行动准会重新开始。更常见到的是幸运情况，迂回丝带往往一下子就和来路上的丝带巧遇了。那条轨道一旦踩在第一只毛虫的脚下，一切优柔寡断的举止就再也看不见了：虫队加快速度，大踏步走上回家之路。

从另一个侧面，还可以认清拉丝道路的用处。冬季，松毛虫要冒着严寒工作。它们编织一个掩体，当做避寒寓所。遇上坏天气，工作被迫中断，它们就在丝造的掩体里度日。大风猛烈地摇晃着松树，要在动荡不定的枝梢上把自己保护起来，光靠一只毛虫吐出的有限的细丝材料是极其困难的。营造一处结实的寓所，一处能够抵御冬雪、北风和冰霜的寓所，必须有大批成员的协作。社会能将所有个体的微不足道的能力集中起来，建造可以长期使用的宽敞大厦。

建大厦要花很长时间。在天气条件允许的情况下，每天晚上都得动工，加固其结构，扩大其空间。为此，只要严酷的冬季尚未结束，而且这虫子仍处于毛虫状态，那么，劳动成员之间就一定要做到精诚合作。在没有专门措施的情况下，放牧时间内的每一次夜出，都可能引起拆散集体的后果。这胃口大开的时候，大家会回到个人主义那里去。毛虫们远近不一地分散开，独自待在附近的各杈枝叶上，各自啃咬着自己的松针。三只一群、两只一伙的松毛虫，怎样才能重新组成社会整体呢？

每只毛虫都在自己的小路上留下了丝线，这些丝线可以使全体成员随时随地、轻而易举地重新组成社会整体。只要有那条引路丝带，不管彼此相距多远，所有毛虫都能回到伙伴们身旁，从来不会走失。从近处，从远处，从上面，从下面，从一簇簇的细枝上，它们赶来了；散开的虫群，很快又重新集结在一起。采用丝线修筑道路，比采用权宜之计来得优越：这丝线是社会的联系，是维系紧密团结的共同体各个成员的网。

不管队伍是长是短，凡结串而行的毛虫，都会有一只走在第一个。后文中，我将称这第一只毛虫为"行军长"或者"队长"，尽管因为找不到更合适的词而使用"长官"的"长"字会产生歧义。事实上，这只毛虫与其他毛虫没有什么区别，它是以各种方式排列的队伍中碰巧排在头一位的，原因仅此而已。在串连成队的毛虫那里，一切队长都是临时性的。带领大家前进的现任队长，过一会儿又可能变成一个被带领者，那是因为不知出了什么事故，队形打乱了，恢复秩序后的队伍，顺序已经和原来不同。

队长虽是个临时职务，可担任此职的毛虫，态度却与众不同。其他毛虫都是被动地随着队伍认真走路，队长却心神不安，前半身一探一探的，忽而探向这边，忽而探向那边。它似乎一边在前进，一边还在窥探情况。这真的是在勘察地形吗？或者说，是在选择更佳的落脚点吗？也许它这样踌躇不前，仅仅是因为未曾走过的地方还没有引路的丝线吧？跟随其后的下属们，显得非常平静，它们抓得着丝线，心中不慌。队长它忧心忡忡，是没有什么可依赖的缘故！

队长那一滴柏油般又黑又亮的脑壳里究竟在想什么，我无从知道啦！但根据行为举止判断，那脑袋里盛着的东西，有很小一部分具备着分辨功能。这虫子凭着自身的体验，可以辨别出坚硬粗糙的物质，过于光滑的物体表面，没有强度的粉状质地，更能辨别出其他长途旅行者们留下的丝线。虽然我与结串而行的毛虫们长期保持着频繁接触，但有关它们心理状况的认识仅限于此。总之，它们是群没有头脑的家伙。这群可怜虫赖以捍卫自己共和国的，竟是一根丝线！

串连虫队，长短非常悬殊。我所见过的地面长队，最长的大约有十二米，由三百来只毛虫组成，排得规规矩矩，看上去像条起伏波动的长绳。串连成队的也可能就是两只毛虫，即便如此，秩序仍不会打乱：后一只紧跟着前一只，亦步亦趋地行走。从二月开始，我的温室里便出现各等规模的虫队。那么，我能不能给它们出些难题呢？方案我先想到两个：一是去掉带路的毛虫，二是截断引路的丝线。

然而这样的两个实验，都不会有多大意义。我又认真考虑另一项计划周密的实验。我设想让毛虫们走上一条无限循环的路线；这就要求我们，把环行中途会再度遇上的那条引路丝带及时破坏掉，因为那丝带会把循环路线引入歧途。只要没有能引上另一股道的道岔儿，那么火车头就会循着环道一成不变地运行。如果结串而行的毛虫前面总是一条畅行无阻的轨道，既柔软光滑，又不带道岔儿，那么它们是否将始终在同一条道路上行进呢？是否将沿着无限循环的路线不停地兜圈子呢？我所要做的事，是人为造成这样一种环道，这种环道在通常的条件下是没有的。

我首先想到的方法，是从列车后面用镊子夹住丝带，一点儿也不颤动地把它拉弯，将其末端置于虫队前面。一旦开道的毛虫踏上这股丝道，那就大功告成了：其他毛虫一定会忠实地步其后尘。这一操作，理论上讲很简单，但实践起来十分困难，是行不通的。由于丝带极为纤细，即使沾在它上面的小沙粒，也足以把它坠断。就算没有被坠断，排在队尾的那些毛虫，也会因为有人牵动丝带而感觉到某种颤动，于是蜷缩起来，甚至撒手丢开丝带。

我们还会遇到更大的困难：队长不接受人为放在面前的丝绳，断头儿会引起它的顾虑。找不到不带断口的合格丝路，队长会向左向右偏离既定路线，仓皇逃去。假如我试着干预它的行动，把它引回我给它选定的小路，那么它就要负隅顽抗，缩起足爪，原地不动。紧接着，整个虫队都会惊慌失措。不必多费脑筋了：此招儿并不高明，纯粹是在无法成功的方法上做文章。

看来，干预应该少而又少，环行路线应该是一种自然造就的环道。这种可能有没有呢？有。我们能够完全不用介入，便看到毛虫们在一条理想的环形跑道上排起长队兜圈。做到这一点是非常了不起的，应归功于为我提供良机的客观环境。

铺了沙层的地台上，长着有虫窝的松树；树旁有几口栽着棕榈树的缸；缸口的周长有一米半左右。毛虫们常去攀缘缸壁，一直攀上那圈鼓凸出来的缸口厚沿儿，它们觉得在那儿串连长队很合适。这也许是因为，缸沿儿的表面是不会晃动的，毛虫不必像在缸下踩着地面时那样提心吊胆，地面是松动沙粒的堆积层。这也许还因为，缸沿儿处于水平位置，毛虫们爬缸爬累了，在平展的缸沿儿表面容易得到休息。那缸沿儿，正是我梦寐以求的环形跑道。需要我做的事只有一件，那就是伺机行事。结果，我还没怎么等待，机会就来了。

那是一八九六年年初，一月份结束前的第三天，正午光景，我忽然发现一支成员极多的虫队正攀缘缸壁，走在前头的已经开始抵达它们最喜欢的缸沿儿。虫队鱼贯而行，缓缓穿越缸壁，依次登上缸沿儿，然后串连成疏密均匀的队形，开始向前行进。此时此刻，还有毛虫陆续抵达缸沿儿，不断增加着虫队的长度。我在一旁等着丝带首尾合龙，也就是说，等待始终沿环形缸沿儿爬行的队长，重新绕到进入环形跑道时的入口处。一刻钟后，它绕回来了。几乎和一个圆环别无二致的循环跑道，就这样令人叫绝地形成了。

现在，该把仍排在攀登纵队当中的那些毛虫全部撵开了，如果它们过多地抵达缸沿儿，串连虫队的最佳队形就会被破坏。另外，所有铺设在缸壁上的细丝小路，包括刚铺上的和早铺好的，也应该清除干净，否则它们会使缸沿儿和地面沟通起来。我先操起大毛笔，把多余的登山队员们扫掉；接着抓起硬毛刷，仔细清刷缸壁，不仅沟通上下的丝线荡然无存了，而且连毛虫的气味也清除干净了，说不定，气味真会招致实验失败呢。准备工作就绪，我们等着观看一场

奇特的表演吧。首尾相接的环行虫队，不再有什么队长。每只毛虫头前都有一只毛虫，每只毛虫尾后都跟着一只毛虫，它们都踩着前一位伙伴的脚印，在集体的杰作——丝路的引导下，向前迈步。整根链条上的每个环节，都重复着同一套动作。没有一只毛虫发号施令，换句话说，没有一只毛虫凭心血来潮的意志改变路线。所有毛虫依然怀着对领路者的信任，亦步亦趋地爬行，却不知那正常情况下在队首开道的队长，由于我小施妙计，实际上已经被免职了。

　　缸沿儿上转过第一圈，丝线轨道即铺设就位。环行虫队不断将丝线垂放在路面上，单股线很快变成了窄丝带。轨道一再铺回始发点，却没有出现一股岔道，因为我的硬毛刷已事先破坏了所有道岔儿。在这条引诱它们上当的环行小道上，毛虫们将如何作为呢？它们是否将没完没了地兜圈，直到精疲力竭为止呢？

　　古代经院哲学中，有一个"彼力当之驴"④的典故，说的是一头赫赫有名的驴子的事。这头驴被牵到左右两份燕麦饲料的中间，最后竟不得不活活饿死了。它无法打破指向相反而强烈程度相等的两个欲望之间的平衡，因此就下不了到底吃哪一份燕麦的决心。⑤以往，人们是在诋毁那头可敬的驴。驴并不比其他东西笨，面对逻辑所设的圈套，它似乎已经作出了自己的反应，那就是：二者都想吃。我的毛虫们能不能有驴子那么一丁点儿心机呢？它们被长时间困在不得出路的环行道上，经过反复尝试，会不会悟出如何打破那环路封闭体系的平衡呢？只要从任何一侧偏离轨道，就可以到达它们的饲料，即那近在咫尺的翠绿松枝。它们究竟会不会下定决心实施偏离轨道这惟一可以达到目的的方法呢？

---

④ 彼力当之驴：十四世纪法国经院哲学家彼力当(Buridan)：以一头驴的故事为论据，论说关于摆脱惰性的命题。后人称他这个论据所假设的驴子为"彼力当之驴"。
⑤ 关于这个故事文献记载还有另一说法，称驴子的一侧是水，另一侧是燕麦，令其陷于饥、渴无一可解的窘境。

　　我相信，它们一定会这样做。可是我想错了。我当时想的是，转上一两个小时，虫队就能发现自己上当了。到那时，弄虚作假的道路一定被抛弃，毛虫们随便找个地方，就可以实施下山行动。没有任何东西阻止它们离去。它们若留在上面忍受饥寒交迫的折磨，简直就是愚钝到了令人难以接受的地步。然而，事实偏要我接受难以置信的事情。现在我们看看事情的详细经过。

　　一月三十日，时近正午，天气晴朗，串连虫队开始了环行运动。每只毛虫都跟随着前面的毛虫，大家一板一眼地踩着脚步。长链没有任何断口，偏离轨道的事情绝对不可能发生，所有成员机械地随着大队，就像钟表盘上的指针那样，忠实地踩着它们的圆周走。没有了领队的行军序列，同时也就丧失了自由和意志，它变成了一个齿轮。几小时过去，而后又是几小时，此情此景依然持续。它们把事情做到如此地步，大大超出了我凭主观臆断所作的十分大胆的预料。我情不自禁地为之赞叹。确切地说，我是被惊呆了。

　　循环运动往复不止，最初的窄轨，眼下已经变成两毫米宽的华美绝伦的丝带。一眼望去便看到，在缸沿儿充当的微红色底布上，那丝制的饰带正闪闪发光。白昼已进入尾声，跑道的位置仍没有出现任何变化。另一个惊人的事实，更能说明问题。

　　严格地讲，那轨道不能算一条平面曲线，而是挠曲线。轨道在某一点上出现一处小弯，先溜滑到缸沿儿凸边的下面，而后又重新斜爬上缸沿儿的表面。偏

离出缸沿儿路面的这段距离，算起来有两分米。从第一圈环行开始，我就用铅笔在缸体表面标明了这处弯道的两个折弯点的位置。毛虫兜圈不止，整个下午就这样过去了。还有更能让你服气的呢，这之后一连好几天，也都是这样过去的。从这场法浪多乐舞⑥开始跳起，一直到跳得发疯走样儿为止，我都看到毛虫的丝绳从前一个折弯点下沉，迂回到后一个折弯点，再从那里浮上缸沿儿表面。第一圈丝线一旦安置就位，以后要走的路线便不可更改地确定下来。

路线是一成不变的，但速度不是这样。根据我的测量，虫队行进速度是平均每分钟九厘米。途中歇脚，每次时间长短不一；行进速度有时减慢，尤其是在气温逐渐下降的时间里。晚上十点钟，毛虫们不过是在懒洋洋地拱着屁股而已，虫队看上去好像一串有气无力的波浪。下一次停止走动的时刻就要到了，因为气温已经降下来。虫子们累了，而且一定也饿了。

此时正是开始放牧的时候。温室内，所有虫窝里的毛虫都成群结队出动了，它们爬到自己丝袋巢的近旁，啃食我事先插放在那里的松枝。园子里的毛虫，在这气温还不算低的夜晚，也纷纷出来觅食。惟独一群毛虫，此刻仍列队趴在黏土质大缸的缸沿儿上。它们肯定正巴不得赶赴会餐场所，那经过十小时散步后的胃口，只要见到吃的就不会放过。离它们一远的地方，就有精工细做的美味翠松枝。只需往下爬动一下，美食唾手可得。可这些窝囊废下不了决心，始终执迷不悟，甘做丝带的奴隶。十点半的时候，我离开这忍饥挨饿的虫队，但心里仍然深信，黑夜会开导它们，天亮后一切将恢复正常。

这一回我又错了，我对它们的指望过高了。我总觉得，如果谁肚皮空空地忍受着饥饿的折磨，他会于恍恍惚惚中产生清醒的一闪念；因此我相信，毛虫

---

⑥ 法浪多乐舞：法国普罗旺斯地区一种民间舞蹈，跳舞的人手拉手围成圆圈转着跳，以跳得精疲力竭为快乐。

们也会产生这一闪念的。第二天黎明，我便跑去察看它们的情况。毛虫们依然排着前一天的队伍，只是一点儿也不活动。气温稍稍回升，懵懂昏沉之中，它们抖擞一下精神，接着便动作起来，再度踏上征程。串连虫队重新开始兜圈，情形和前一天完全一样。那股不开窍的顽固劲儿，无所增减，依然如故。

当天夜里，天气突然恶化，出现一场骤寒。前半夜开始的时候，园子里的毛虫已经传出天将有变的信息：尽管天气看上去很不错，它们却拒不出动。然而，凭着迟钝的感觉，根据表面的现象，我当时还自以为已经看出好天将持续下去呢。破晓时分，迷迭香通道上霜晶闪耀，这是进入本年后的第二次寒潮。园子里那大水塘，整个水面上都是寒夜留下的痕迹。温室里的毛虫会怎样呢？走，看看去。

所有毛虫都躲在窝里，只有一部分不在了，就是那群坚韧不拔的家伙，它们现在正结成长串，呆在缸沿儿上。当我这一回看到它们时，却发现它们分别挤成两堆，绝无秩序可言。它们这样挤在一起，身体贴着身体，为的是少受点儿挨冻的罪。

这的确是不幸的遭遇；然而这不幸对一件事来说，恰恰成了万幸。寒夜将圆环截成两段，这就有可能为采取拯救行动创造机会。两个部分的毛虫都开始活跃起来。用不了多少时间，踏上征途的虫队就会出现队长。队长不必跟在哪只毛虫后面，所以它的步履将比较自由，并且能把自己的队伍带离轨道。要知道，在通常情况下，走在串连虫队头一名的毛虫，实际上肩负着侦察兵的使命。只要不突然发生激起群情骚动的事件，所有其他毛虫都会安安稳稳地排在队列当中。侦察兵则全神贯注地履行自己的职责，不断斜伸出脑袋，左顾右盼，打探着，寻找着，摸索着，选择着。它这些行为就是在作决策，大队人马只管忠实执行它的旨意就是了。应该说明一点，即使脚下踏着已经走过的老路，而且路上铺设了丝带，领队的毛虫仍然一如既往，一刻不停地勘察路线。

　　我相信，只要能脱离缸沿儿，肯定会有得救的机会。我们等着瞧吧。痴呆症旧病复发，毛虫们又开始列队，缸沿儿上逐渐形成彼此独立的两个序列的雏形。这一来，出现了两个步履自由、各自为政的行军长。二位首长最终能不能走出魔环呢？有一段时间，两位队长的大黑头频频摆动，看着这副心急如焚的神态，我确信它们一定能走出魔环。但是很快，我感到势头不对。随着扎堆儿的毛虫不断加入环行行动，分成两段的长链又衔接上了，魔环重新弥合。两位任职一时的队长，再度变成普普通通的随从。更有甚者，整整一天过去了，毛虫们依旧排着那环形圈队。

　　随之而来的，又是一个起初气氛宁静、群星璀璨，后来却招致严重霜冻的寒夜。接着，又一个白天来到了。缸上串连虫队，举世无双地露天过了一夜，现在正挤在一处。其中许多成员，已经从两侧脱离开那条致命的丝带。我前去观看这群执迷不悟的虫子如何觉悟。第一个迈步的，可巧是在环路之外爬动。它处在了一片崭新的区域，正六神无主地冒着险。只见它向上爬，爬到缸沿儿脊梁，然后翻越过去，从另一侧往下爬，最后抵达缸内的底土。另有六只毛虫尾随而去，但仅仅是这六只。虫队其他成员，大概还没从恍惚迷离的夜眠状态中清醒过来，一个个连身子都懒得晃一晃。

　　落后一步，其后果便是再度沦为往日的漂泊者。众毛虫踏上丝带跑道，排队转圈又重新开始。但是这一次，长队的圆环已经出现缺口。缺口造就的排头兵，在带队方法上没有任何革新尝试。彻底摆脱魔环的良机就在眼前，只是领路的不知道利用。

　　至于那些深入缸底腹地的，其实命运并没有什么改观。它们攀登到棕榈树顶上，忍受着饥饿的折磨，四下里寻找牧场和饲料。树上的一切都不是味儿，它们只好摸着来路上的丝线，踩着自己的脚印往回走，再爬上缸口，重新找到串连大队。顿时，焦虑烟消云散，七只身影一头钻进大队的行列。就这样，圆环又完整无缺了；就这样，队伍仍旧是一个旋转着的圆圈。

到底何时才能摆脱出去呢？有个传说故事，讲的是一群可怜的生灵，他们被引诱进一条无法走到尽头的环形通道，只有等到一滴圣水降临，才能消解诱惑他们的那股可怕的魔力。有什么幸运之水能溅落在我的毛虫身上，止息它们的环行运动，从而把它们领回家呢？我以为，若要驱散魔力，摆脱环道，办法有两种。所谓两种办法，其实是两种严峻考验。因果之间有着奇特的关系链：艰难困苦，当可产生美好幸福。

办法之一，以寒冷造成蜷缩。这样一来，毛虫们杂乱无序地聚集在一起，其中一部分成员拥挤在道路上，而为数更多的成员集结在道路之外。不在道上的这些毛虫当中，迟早会产生出一位蔑视走老路的革命者，它将踏出一条新路，把队伍带回住处。我们刚才看到了这样一个实例，已经有七只毛虫深入缸底，爬上棕榈树。的确，那是一次没有取得成果的尝试，然而毕竟是尝试了。要想大功告成，只须朝相反方向的坡道爬行就够了。两个方向上的行动机遇，已被它们抓住一个，这着实不少了。下一次一定能获得更大成功。

办法之二，以征途劳顿和长时间饥饿造成精疲力竭。这样的话，总会出现一只腿脚受伤的毛虫，它将止步不前。这只毛虫体力不支了，但它的前方，串连虫队依然会继续行进一段时间。队伍渐渐密集起来，队尾会出现一段空当。于是，歇脚的成了打头的。等到它继续前进时，自己就成了由断口造就的队长。这位队长的前方空空如也，只要它冒出一丝哪怕并不清晰的谋求自由的念头，就可以把整个大队拉到全新的小道上去，而那小道，很可能就是一条救命之路。

总而言之，为使备受磨难的毛虫列车脱离窘境，就必须一反我们的观念，故意制造一起列车出轨事故。出轨之举，完全取决于队长一时的心血来潮，因为只有它才可能向左右偏离；但如果圆环不断裂，能够掌握出轨权的队长根本无从产生。归根结底，圆环断裂这绝无仅有的良机，是由产生秩序紊乱状况的停止前进造成的；而停止前进的主要原因，则是超过忍耐限度的疲劳或寒冷。

可以用来解救蒙难者的各种事件，特别是那种由疲劳造成的事故，事实上在相当频繁地发生着。就在当天，这运行着的圆周曾多次分解为两、三个弧形段。只是过不多久，其联系力又都发挥效能，致使事态始终无法得到改变。能够把毛虫们从那里带走的果敢创新者，一直都没有获得灵感。

和头几夜一样，这又是一个寒夜。寒夜过去后，迎来的是第四个白天。这一天，仍未打开新局面。值得一提的，只有下面这点儿情况。昨天钻进缸内的几只毛虫，留下了自己的路线痕迹，我没有把丝痕清除。今天上午，这条最终与环路复接的路线，被毛虫们重新发现了。全队中有一半成员，利用它去参观了缸内的底土，还攀上了棕榈树。另一半成员依然留在缸沿儿上，沿着旧轨道转悠。到了下午，游离出去的那队毛虫，重新与循环轨道上的虫队接上头儿，环行圈又完整无缺，事态全然恢复原状。

现在是第五天了。昨夜的霜冻更厉害，但总算还没有殃及温室。继寒夜之后，是一个碧空万里、平静祥和的艳阳天。玻璃窗刚被阳光稍稍照热，扎成堆儿的毛虫便苏醒过来，接着又开始在缸沿儿上继续它们的运动。第一天开始时那严整的阵容，眼下已经骚动不安，队形出现混乱，这显然是下一次解放运动的先兆。用于探察缸内情况的道路，已经在昨天和前天铺设了虫丝。今天，一部分队伍从这条路线的起点出发了，但继而踏出的是又一条岔路。随着新岔出的丝路已经有了些长度，旧岔路宣告废弃。其他的毛虫，仍然轻车熟路，在已经走惯的环形丝带上爬行。由于岔道口作怪，缸沿儿上的虫队终于分成了两支，长短基本相等，彼此相距不远，沿着同一方向行进。有时它们连接到一起，但走一走又断裂开，队形始终不够整齐。

疲倦使混乱加剧。拒绝前进的脚伤伤员大量出现。大队多处断裂，变成许多分队；分队进而分化成若干小队，每个小队都有一位队长；缸沿儿上，处处都有小队长在窜头窜脑地探察地形。看来，到处都在瓦解，到处都将出现得救的可能性。然而，我的希望再次落空。入夜前，毛虫们又共同组织起一支长队，那无法克服的转圈运动又重新开始了。

如同寒冷降临之急骤，炎热也突然一下就出现了。今天是二月四日，赶上了明媚的暖和天。温室里热闹非凡。毛虫们倾巢出动，一起一伏地在土台的沙层上移动，那一圈圈的虫队，宛如平放在地上的一个个花环。缸沿儿上，毛虫串连成的圆环随时在断裂，而后又衔接。我第一次看到出现了大批勇敢的队长，它们为温暖的阳光所陶醉，用末端一对假足抓住缸沿儿的外侧边缘，身体猛然间悬空垂挂下去，扭来扭去地试探从缸沿儿到地面的距离。这试探重复了许多次，每一次队伍都得停下来。这段时间里，大家颤晃着脑袋，臀部一拱一歪地扭动。

这批革新家中，有一位决心从缸沿儿外侧逃走。它溜到了凸边底下。另四个伙伴跟了过去。然而所有其他毛虫，却始终对险恶的丝带轨道怀着信赖之心，不敢效法胆大妄为之举，甘愿踏着昨天的老路迈步。

从主链上离异出去的那小串毛虫，煞费苦心地摸索着，在半缸腰一带长时间徘徊。它们才下到一半的高度，便又从斜里往上爬去，赶上大部队，加入到行列当中。仅就这次尝试而论，是以失败告终的，尽管还差两巴掌距离就够着缸脚下的细松枝了。我刚才把一捆细松枝放在那里，是想引诱这些饥饿难忍的虫子，可是形、色、气、味，均未给他们提供任何信息。已经离目标这么近了，它们竟然还调转方向爬了回去。

不过没关系，尝试总会有用。它们一路上已经设置好首批路标。这之后，又过去两天。接着，新的一天又开始了，这实际上已经进入实验的第八天。毛虫们时而单枪匹马，时而一个小组，时而一支稍长的小分队，分批沿着设置了路标的小路，从缸沿儿的凸边上爬下来。太阳落山的光景，最后一批磨磨蹭蹭的毛虫，也终于回到家里。

我们现在算一下。二十四小时的七倍，毛虫在缸沿儿窄面上待了这么长时间。不论哪只毛虫，疲劳后都得休息一阵；尤其是在夜间最冷的几个小时，它们完全处于休息状态；为此，我们满打满算，减去一半时间，结果还剩下八十四小时。这八十四小时，就是行走的时间。按平均速度计算，它们每分钟的行程为九厘米；每只毛虫七天多的总行程已有四百五十三米，将近半公里。这半公里左右的距离，对于步幅极小的松毛虫来说，算得上是长途跋涉了。缸口周边，也就是环行跑道，每圈的长度整整一米三五。照此算来，毛虫们已经周而复始地沿着脚下的路线画了三百三十五个圈。当我们看到毛虫们如何面对那些小事故的时候，就已经大致知道这虫类是愚钝之极的了。现在算出这些数据后，我们又会大吃一惊，叹其竟冥顽不化到如此地步。结串而行的毛虫困在缸上那么长时间，我想，原因并不是爬下来很困难，冒风险，而是它们可悲的智能做不到顿悟。事实也向我们表明："下来和上去是同样容易的事情"。

感受和思考，都不是虫子能做的事。走了半公里的路，绕过三四百圈，它们也没有获得任何启示；必须出现偶然巧遇的条件，才能使它们重返窝巢。如果不是露天夜宿造成混乱，不是一路劳顿后极需休息，不是进而在环行路线以外丢下那么一些丝线，那么，它们就会在自己那险恶的丝带上丧生。正是靠了环路以外那些随便铺设的岔道引线，几只毛虫向远处走去。虽说方向不大对头，但是却以自己的作为，为下到地面做了准备。终于，下地行动由那些获得偶然机会的小分队完成了。当今有个很走红的学派，特别希望能在最低级的动物社会中发现理性的起源。好吧，我向他们推荐结串而行的松毛虫。

[原著第6卷《结串而行的松毛虫》一文节译]

蟋蟀出壳

XISHUAICHUKE

想看蟋蟀产卵的人，不必花一个钱做准备工作，只要有点儿耐心就够了。布封①称这耐心是天才；我愿略降一格，称之为观察工作者的最可贵品质。我们在四月，或最迟五月，把乡野蟋蟀一雌一雄地单独关在盛有底土的花罐里。可以用莴苣叶做它们的食物，隔一段时间换一次新鲜的。容器口上盖一块小玻璃板，防止蟋蟀逃走。

一些很有意义的资料，就是通过这种简陋设备获得的。需要的话，还可以利用优质金属网做的笼子，作为辅助设备。金属笼里的情况，将在后面予以介绍。现在，我们来监视产卵过程，但愿能保持高度警觉，不要错过产卵良机。

时至六月的第一个星期，坚持不懈的观察工作开始收到令人欣慰的成效。我忽然看见雌蟋蟀站在那里一动不动，产卵管垂直插在土里。对我有失礼貌的偷看行为，它毫不介意，依然长时间定在一个点上不动。最后，它拔出自己那把点播种子的小铲，草草扒拉几下，抹掉钻眼儿的痕迹。它稍微喘口气，又溜达到另一个地点，再度开始往土里插产卵器。就这样，它这儿插一下，那儿插一下，所有可以利用的地皮都点播到了。这情形和大家熟悉的白面螽斯一样，只是操作速度比螽斯慢。二十四小时过去，我觉得产卵结束了。但为了做到更可

---

① 布封：法国十八世纪著名自然学家，以写作具有文学魅力的《自然史》三十六卷闻名于世。

靠地掌握情况，我又继续观察了两天。

两天过后，我开始搜索土层。卵粒呈稻草黄色，都是有首尾两端的小圆柱体，长约三毫米。它们彼此不接触，竖埋在土里，点播距离很近。种子点播多少，取决于一个连续产卵过程的产卵次数。整个土层下都发现了卵粒，它们离土层表面大约两厘米。用放大镜观察一堆土，是件很麻烦的事情，根据这样所能观察到的结果估计，每只雌蟋蟀的一个产卵过程，大约产出五六百粒卵。这等规模的家庭，肯定要在很短时间内接受大幅度裁员才行。

每粒蟋蟀卵，本身都是绝妙的小小机械系统。幼虫完成孵化时，卵壳就像一个白色的遮光套，顶部有一个很规则的圆孔。沿圆孔周边扣着一个拱形顶帽，成为一个封盖。封盖不是由新生儿盲目推顶或割划而打开，而是沿一条特意准

备的，质地极其脆弱的线纹自动开启。这奇妙的孵化过程，也应该了解一下。

产卵后十五天左右,卵壳前端隐约看见一对黑里透红的视觉器官的大圆点。从视觉点稍稍向上，恰好在圆柱体顶端，此刻显现出一个微型环状垫圈。这就是正在形成当中的断裂线。不久，透过半透明的卵壳，可以看见里面那小动物身体的细小分节。再往后，就要加倍警觉，频频察看了，尤其是上午的时间里。

好运气所偏爱的，是那些有耐心的人。它出现了，来报答我所付出的艰辛劳动。经过一种精妙绝伦的加工，微型垫圈已经变成一道强度甚低的条纹。就在这时候，困在卵中的小生命额头一碰，卵盖便沿着自己的周边分离开去，被顶起来，随后落在一旁，其景状与注射剂细颈薄玻璃瓶的顶帽断落一样。蟋蟀从卵壳里出来，犹如从玩偶盒里弹出了个小怪物。

[原著第6卷《蟋蟀的地洞和卵》一文节译]

意大利蟋蟀

YIDALIXISHUAI

我们镇子里见不到家蟋蟀，那是乡间面包房和灶台的常客。然而，尽管壁炉下的石板缝哑然无声，这寂寞还是能得到补偿：夏夜里，原野上，到处听得见一种调式简单重复，然而情致陶冶人心的乐曲，这音乐在北方可难得听到。春天，在太阳当空的时间里，有交响乐演奏家乡野蟋蟀献艺；夏天，在静谧宜人的夜晚，大显身手的交响乐演奏家是意大利蟋蟀。演日场的在春天，演夜场的在夏天，两位音乐家把一年的最好时光平分了。头一位的牧歌演季刚一结束，后一位的夜曲演季便开始了。

意大利蟋蟀与蟋蟀科昆虫的某些特征不大一致，它的服装不是黑色的，身材不那样敦实。这虫种体形修长，体格纤弱，体色苍白，周身穿戴几乎都是白色的。这体色，与它的夜间活动习惯相符。即使把它轻而又轻地捏在指间，人们也担心会不会捏破。它栖驻在各种小灌木上，或者高高的草茎上，过着悬空生活，极少下到地面来。从七月到十月，每天自太阳落山开始，一直持续大半夜，它都在那里奏乐。闷热的夜晚，这演奏正好是一台优雅的音乐会。

我们这里的人，都听过它的奏鸣曲，因为只要是有点儿荆棘丛的地方，就有它的交响乐队。这小虫有时竟在房屋的顶楼上高声奏响，那是它顺着干草摸爬，结果在那里走失了。这苍白蟋蟀的习俗很神秘，谁也说不准耳边听到的小夜曲，究竟是从哪儿传出来的。有人完全误以为这声音是普通蟋蟀的鸣唱，殊不知，普通蟋蟀眼下还十分幼嫩，尚不会发声。

乐曲由一种轻柔缓慢的鸣叫声构成，听起来是这样的：咯哩——咿咿咿，咯哩——咿咿咿。由于带颤音，使曲调显得更富于表现力。凭这声音你就能猜到，那振膜一定特别薄，而且非常宽阔。如果没什么惊扰，它安安稳稳待在低低的树叶上，那叫声便会始终如一，绝无变化；然而只要有一点儿动静，演奏家仿佛立刻就把发声器移到了肚子里。你刚才听见它在这儿，非常近，近在眼前；可现在，你突然又听到它在远处，二十步开外的地方，正继续演奏它的乐曲；你以为是距离拉开了，所以音量在减弱。

你赶快跑过去。结果什么也没有。声音仍然从第一个地点发出来。事情越发蹊跷。这一回你再听，声音又从左边传来，可又像是从右边传来的，或许是从后边传来的吧。你完全摸不着头脑了，已经无法凭听觉，找到这小虫正在唧唧做声的准确位置。要想捕捉这演奏歌曲的，必须具备足够的耐心，采取防止意外的周密措施，然后再借助提灯的光亮才能行动。上述条件具备以后，我捉到那么几只意大利蟋蟀，放进金属网笼子。这之后，我得以了解到一点儿情况，一点儿有关演技竟能高超到迷惑我们耳朵的演奏家的情况。

两片鞘翅都是干燥的半透明薄膜，薄得像葱头的无色包膜，均可以整体振动。其形状都像侧置的弓架，位于蟋蟀上半身的一段逐渐变窄。弓架从上端开始，依一条粗实的经翅脉的弧形走向，先折出一处直角；然后再以鞘翅凸边的形式，沿体侧向下顺延，直到身体末端。弓架形成的凸边，刚好在蟋蟀保持休息姿势时能包住体侧。

右鞘翅在上，左鞘翅重叠在下面。右鞘翅内侧，在靠近翅根的地方，有一块胼胝硬肉。从胼胝那里，放射出五条翅脉，其中两条上行，两条下行，另一条基本呈横切走向。横向翅脉略显橙红颜色，它是最主要的部件，说白了就是琴弓。这一点，只要看看它是嵌在若干细褶纹之间的，我们就明白了。鞘翅的

其他部位上，还有几条不那么粗的翅脉，它们撑着铺展开的翅膜，不属于摩擦器的组成部分。

左鞘翅，或称下鞘翅，结构与右鞘翅基本相同；其不同之处在于，左鞘翅的琴弓、胼胝，以及从胼胝放射出来的翅脉，全部显现在翅膜的朝上一面。左右两只鞘翅是斜向交叉着的。

虫鸣大作之际，两只鞘翅始终高高抬起，其状宛如宽大的纱罗布船帆。这两片鞘翅膜，只有内侧边缘重叠在一起。两只琴弓，一只在上，一只在下，斜向铰动摩擦，于是支展开的一双膜片产生了发声振荡。

上鞘翅的琴弓在下鞘翅上摩擦，同样，下鞘翅的琴弓在上鞘翅上摩擦。摩擦点时而是粗糙的胼胝，时而是四条平滑放射状翅脉中的某一条，因此，发出的声音会出现音质变化。这大概已经部分地说明问题了：当这胆小的虫类处于警戒状态时，它的鸣唱就会使人产生幻觉，让你以为此时声音既好像从这儿传来，又好像从那儿传来，还好像从另外一个地方传来。

音量的强弱变化，音质的亮暗转换，以及由此造成的距离变更感，这些都给人以幻觉。而这种效果，恰恰就是腹语大师所掌握的艺术要诀。但是，这幻觉的产生自然还有别的原理，那原理也并不难发现。鞘翅高抬，声音响亮；鞘翅略降，声音随之闷暗。鞘翅压低的时候，左右凸边高度不一地垂搭在两侧柔软的腹壁上，这就大大缩小了振荡部位的面积，同时也就削弱了声响。

手指贴紧被敲响的玻璃杯，那声音会变得发闷，不再那么响亮；隐约作响的声音，听起来就仿佛是从远处传来的。我们的苍白蟋蟀，掌握这声学窍门儿。它把振荡片的凸边往两侧肚皮肉上一贴，就让寻找它的人摸不着头脑了。我们的乐器有各种制音器和消音器；意大利蟋蟀的制音消音器，不仅能和我们的媲美，而且比我们的用法更简便，效果更理想。乡野蟋蟀及其同属，也使用弱音器，方法也是用鞘翅凸边箍住肚子的上部或下部；然而它们当中，没一个能获得意大利蟋蟀那般以假乱真的效果。

每当我们的脚步发出些微响动，都会给自己带来某种惊异感，这其实就是所谓距离幻觉产生的效果。这虫类的鸣叫，不仅能产生距离幻觉，而且还具备以柔和颤音形式出现的纯正音色。八月的夜晚，在那无比安宁的氛围之中，我的确听不出还有什么昆虫的鸣唱，能有意大利蟋蟀的鸣唱那么优美清亮。不知多少回，我躺在地上，背靠着迷迭香支成的屏风，"在文静的月亮女友的陪伴下"，悉心倾听那情趣盎然的荒石园音乐会！

夜蟋蟀在墙围子内大量繁殖。每一簇红花岩蔷薇，都安排上这虫类的军乐队队员；每一束熏衣草，都安插进这虫类的亲信伙伴。茂密的野草莓丛和笃耨香树，都成了它们的乐池。整个这小世界的成员，操着惹人喜欢的响亮声音，躲在一簇簇小灌木里，彼此询问着，互相回答着。唔，这也许是另外一回事，它们可能都对别人的咏叹调无动于衷，而是在为一己之欢乐纵情歌唱。

那高处，我的头顶上，天鹅星座在银河里拉长自己的大十字架。这低处，我的四周，昆虫交响曲汇成一片起伏荡漾的声浪。尘世金秋正吐露着自己的喜悦，令我无奈忘却了群星的表演。我们对天空的眼睛一无所知，它们眨动眼皮一般闪烁着，它们在盯着我们，那目光虽平静，但未免冷淡。

科学向我们讲述它们的距离，它们的速度，它们的质量，它们的体积；科学用铺天盖地的数字向我们压来，以其无数、无垠和无止境把我们惊得目瞪口呆。然而，科学却怎么也感动不了我们一丝真情。这是为什么？因为科学缺少一种伟大的奥秘，那就是生命奥秘。天上有什么？太阳们在给什么加热？理性告诉我们：天上有和我们相似的许多人类，还有生命于其间变幻无穷地演化着的许多地球。这气度恢弘的宇宙观，说到底还是纯粹观念，没有确凿的事实作基础。确凿事实是至高无上的证据，可以为一切人的理解力所认可。所谓"可能"，乃至"非常可能"，都构不成"明显"。明显的东西才既不可抗拒，又无懈可击。

我的蟋蟀啊，有你们陪伴，我反而能感受到生命在颤动。殊不知我们尘世泥胎造物的灵魂，恰恰就是生命。正是为了这个缘故，我身靠迷迭香樊篱，仅仅向天鹅星座投去些许心不在焉的目光，而全副精神却集中在你们的小夜曲上。

一小块注入了生命的，能欢能悲的蛋白质，其价值超过无边无际的原始物质材料。

[原著第6卷《蟋蟀的鸣叫与交配》一文节译]

BAIXIEZISHA

白蝎"自杀"

经碰击物体一震，或突然受到惊吓，虫子便陷入一种迷迷糊糊的状态。这状态，好比是鸟把头扎在翅膀下，晃晃悠悠地原地站上片刻。突然出现的恐怖，会使人惊呆，有时甚至能致人死命。人既然都如此，那么，反应极其敏感的昆虫，其生理机能在遇到可怕事物的震慑惊吓时，怎么能承受得了，怎么能不暂时就范呢？如果惊恐程度较轻，昆虫挛缩片刻，而后很快恢复正常，惊恐症状随之缓解；如果受惊严重，就会突然进入催眠状态，长时间僵滞不动。

昆虫根本不知道死是怎么回事，因此也不会装出死来。昆虫同样不知道自杀是怎么回事，不知道自杀是用于即刻中断极端痛苦状态的一种手段。据我所知，所谓动物自动剥夺自己生命的情况，至今还没有一个名副其实的真正实例。感情色彩较浓的虫子，有时会任凭苦恼折磨自己，直至神形憔悴，这种事确实有。可这与用匕首刺死自己，用小刀割断自己喉咙一类事，还沾不上边哪。

话题至此，我倒是想起了蝎子自杀的事。关于蝎子是否有自杀一事，有人持肯定态度，有人持否定态度。有人说，蝎子被围在一圈火当中，用带毒的螫针戳刺自己，直到这死刑执行完毕。这故事里究竟有多少真实成分？现在该我们亲自看一看了。

周围环境对我很有帮助。此时，我在铺了沙土，放了碎瓦片的几个大泥罐里，养着一群怪模怪样的动物。我一直等着它们提供些对研究昆虫习俗有用的事实，可它们不理睬我的愿望。我可以改改路数，那样肯定能有收效。我养的是南方大白蝎，一共十二对。附近小山上阳光充足的沙质土地带，有许多扁平石条，每个石条下住着孤零零的一只蝎子。不过，这丑陋的虫子却到处都是，多得很。大白蝎，名声不好。

有关它螯针如何厉害的问题，我本人说不出什么。需要与书房里这群可怕的囚徒们接触时，是会面临危险，所以我总要加点儿小心，注意避其锋芒。自己没有亲身体验，只好向他人讨教。我让别人谈谈他们的体验，这些人主要是砍柴禾的工人，他们久而久之总要因一遭不慎而尝点儿苦头。其中一位告诉我：

"吃完了汤饭，我歪在柴禾捆里打个盹儿。猛然间一股疼劲儿就上来了，我疼得受不了，惊醒过来。那滋味儿，就像是被烧红的钢针扎了一家伙。我伸过手去一摸，嗯，按着个乱挣蹦的东西。嘿，是只蝎子钻裤筒里了，正好在腿肚子下边一点儿的地方螫了我一下。这丑八怪，足有手指头那么长。有这么长，先生，这么长。"

这位憨厚的人，边说边比划，还特意伸出自己那根长长的食指。这长度并不让我感到惊奇，因为我外出捕虫时，见过这么长的蝎子。

"我还想接着干活儿哪，"对方继续说，"可浑身直冒冷汗，眼瞅着那条腿就肿起来喽，一下子肿这么粗。有这么粗，先生，这么粗。"

接着，这汉子又比划起来。他张开双手，空掐在小腿周围，做出有一只小桶粗的样子。

"真的，有这么粗，先生，这么粗。我使出吃奶的劲儿，才回到了家，其实也就四分之一里这么点儿路。好家伙，小腿肿得越来越粗，还越来越往上串。第二天，已经肿到这么高的地方了。"

他用手做了个指示动作，告诉我是到了小腿窝的高度。

"是的，先生，整整三天，我都站不起来。我使劲儿忍着，腿就这么跷在椅子上。敷了好多次碱末，才算消了肿，喏，才像现在这样了，先生，您看。"

讲完自己的经历，他又提起另一位砍柴人的事，也是被蝎子螫了小腿下部。

由于那个人砍柴的地点相当远，没有力气走到家，他就倒在了路边上。几个过路人看见后，分别抱住他的头、腰和腿，一起送上肩膀，把他扛了回来。"就像扛死尸那样，先生，扛死尸那样！"

叙述者带着乡下人的风格说事，比划多而话语少，但我不觉得他在夸张。被白蝎蜇着，对人来说确实是件不可等闲视之的事。蝎子被自己的同类蜇一下，很快就会支持不住的。在这个问题上，我比外行人更有发言权：我亲自做过多次观察。

我从我的动物园里取出两只强壮有力的大家伙，把它们同时放在一个大口瓶的沙底上。然后用稻草棍拨弄它们，激怒它们，让它们同时都倒退着移动，最后相遇在一处。两位受骚扰的勇士，决心立即进行决斗。恼火是我挑起来的，可看上去，二位大概都把惹是生非的罪过归在了对方头上。双方的防御武器钳子，伸举成月牙儿状，拉开架势；接着，钳口张开顶住对方，不让对方近身；只见蝎尾你一下我一下地突然伸展，从背上向前突刺；毒囊不断顶撞在一起，一小滴清亮如水的毒汁挂上各自螯针的硬尖。

决斗只用了很短的时间。其中一只白蝎，被另一只的剧毒武器刺了个正着。这下完了：两三分钟后，伤者几步踉跄，倒在地上。胜利者一点儿不动声色，平平静静地开始啃咬失败者的头胸前端，说得容易理解些，就是啃咬我们想找到蝎头却看到只是个肚子前口的那个地方。每一口啃咬都很小，但啃咬的时间拖得很长。一连四五天，以同类之肉为食的蝎虫，几乎没有停口地吃着死去的同行。吃掉战败者，其理由只有一点是可以原谅的，即：对于战胜者而言，这行为是光明磊落的。我们人类，包括所有人群在内，都不会设法将战场上的人肉熏熟作口粮。至于何以如此，我还说不清楚。

至此已经得到的一个真实情况是：蝎子的螯针可以使蝎类自身即刻丧命。现在就来谈蝎子的自杀问题，也就是有人向我们讲到的那种自杀法。如果按人们所说，蝎子被围在一圈火炭中间，它便会用螯针刺自己，最后以自愿死亡来结束这失常状态。假如真是这样，那么对这种野性生灵来说，本应是件很理想的事。让我们亲眼看一看。

我用烧红的木炭块围成一圈火墙，把我动物园里那只个儿最大的家伙放在火墙当中。风助火势，炭墙通红。滚烫的热浪开始灼烤蝎子身体，它倒退着在火圈里打转。一不留神，身体碰在烫肉的围栏上。只见它左一闪，右一躲，突然一下起动，不顾方向地倒退着瞎冲，另一处身体又挨一烫。每一次想逃脱，都被更狠地烧着一下。蝎子变得丧心病狂。往前冲，烫一下；往后退，又烫一下。绝望中它狂怒了，挥舞着长枪，再反卷成钩状；而后直伸开来，平放在地；紧接着又举起来。一连串动作，做得迅雷不及掩耳。那兵器耍得毫无章法，简直叫我看不清招招式式是怎么做出来的。

现在该刺出一剑来超脱这失常状态了吧？谁知突然一阵抽搐，这变态狂接着就不动弹了，身体伸得直直的，平卧在地上。再往后，仍一动不动，彻底僵直了。这蝎子，它死啦？你会认为它真死了。也许在眼花缭乱的最后狂舞过程中，有一剑刺中了自己，而我却没看见呀。如果它确实用短剑刺杀了自己，靠自杀而得到解脱，那么毫无疑问，它就是死了。我们可算看到了，只消那么短

时间，它就被自己的毒汁夺去了性命。

然而我还是有些怀疑。于是，我用镊子夹起看上去已经没命的蝎子，放在一摊凉沙土上。一个小时后，所谓的毙命者忽然复活了，和接受火烤测试前一样生气勃勃。我继续测试了第二只蝎子，第三只蝎子，结果完全一样：因绝望而疯狂后，都突然不动了，都像被雷击致死那样瘫卧在地；放到凉沙子上，又都恢复了生机。

由此可以确信，那些杜撰蝎子自杀一事的人，是被蝎子突然失去活力的景象迷惑住了。蝎子身陷火墙高温之中，怒不可遏，痉挛至猝然倒卧，这场面让他们受骗上当了。他们过早相信事实，结果，蝎子索性留在了原地，直至被活活烤焦了事。假如他们不那么轻信，早些将蝎子从火圈中取出，那么大概就能看到：表面上已死的蝎子，还会恢复活力。这说明，蝎子对自杀全然不知。

除了人以外，任何有生命的东西，都不具备自愿结束生命的至壮至烈的精神力量。我们人，自认有勇气有魄力从生活的苦难中自行解脱是自己的崇高特性，能够获得这特性是因为我们具备进入沉思境界的优势，而这优势则似乎又是我们高于动物贱民的一种标志。然而，一旦我们真的把这种精神付诸行动，其骨子里存在着的无非是怯懦而已。

如果有谁想走这一步，那么，不妨先重温一下黄面孔人的伟大贤哲——孔子在二十五个世纪前说的话。这位中国圣人在林中撞见一位陌生男子，正往树杈上拴系上吊绳，于是赶紧对他说了几句话。圣人说：

你的不幸确实太大了，但其中最不幸的，就是向绝望屈服这件事。其他什么事都可挽救，唯独此事无可挽救。不要认为你失去了一切，要说服自己坚信一条被多少世纪证实了的真理。这条真理是：只要一个人享受着生命，他就没有任何可失望的；他能够从最大的苦难走向最大的快乐，摆脱最大的灾祸而获得最高的福分。重新鼓起勇气吧，只当从今天开始你要认识生命的价值了。为此，应该全力以赴，做到每时每刻都用好生命。

这番中国式的哲思浅显易懂，然而却寓意不凡。它让人想起，那位寓言家也有对这一哲思的另一种表述。寓言家写道：

不管别人折磨得怎样残酷，
我缺胳膊少腿浑身痛也不在乎，
留条命我就比什么都心满意足。

不错，寓言大师和贤哲孔夫子，二人说得很有道理：生命是种很严肃的东西，人们不会一遇到拦路荆棘和烦心琐事就把它抛弃。我们应当不是把生命当作一种享乐，一种磨难，而是当作一种义务，一种只要最后期限未到我们就必须全力而尽的义务。

让这期限提前到来，就是懦夫，就是蠢货。我们有权凭自己的心愿决定坠入死亡无底洞的方式，然而这不意味着我们有权轻生遁世。相反，这种自由意志之权利，恰恰给我们提供了动物所全然不知的向前看的本领。

只有我们，才知道生命的狂欢会怎样结束；只有我们，才预见自己的末日；只有我们，才怀有对死者的崇拜。这些大事，其他动物无一能想得到。一种劣质科学在那里高谈阔论，其低品位论调要我们相信一只可怜的虫子会耍装死伎俩。值此之机，让我们提出这样的正告：把事实看得再清楚些，切莫将虫子被吓昏，误解为虫子能装出自己根本没有的状态。

只有我们才能做到清醒认识一个结局，只有我们才具备想见彼岸的本能。地位卑微的昆虫学，要在这个问题上让人们也听到自己的声音："你们要有信心。要相信，本能从来没有违背过自己的诺言。"

[原著第7卷《催眠及自杀》一文节译]

朗格多克蝎的家庭

LANGGEDUOKE
XIEDEJIATING

生活中遇到难题时，依赖书本科学只能算下策；坚持不懈地与事实展开切磋探讨，比关在包罗万象的书斋里更有助于解决问题。许多时候，还是以无知为佳：头脑保持调查研究的自由，人就不会误入书本提供的某些绝无出路的歧途。最近，我再一次体会到这一点。有位身为大师的人，曾经写过一篇解剖学学术报告，我从中得知，朗格多克蝎每年九月承担家庭义务。想起来，当初没有查阅那篇报告就好了！仅就我们这个地区而言，朗格多克蝎的繁殖期比报告所称早得多。好在教授这门课程的时间不长，否则，如果真让我等到九月，那准会什么也看不到。可是到了第三学年，为能等到我认为意义重大的那个场面，不知熬了多少个枯燥乏味的日子。外部环境并没有出现异常，我却莫名其妙地坐失良机，几乎白白浪费了一年。记得我甚至还放弃了本来要做的课题。

正是由于当时缺乏先见之明，才险些浪费了一整年的时间。那时出于对读来的东西的信赖，我不在九月之前去等候朗格多克蝎的家庭；而今我却无意之中，在七月里看见了它的家庭。实际日期和大师所称日期之间的误差，我认为是地区差异造成的：我今天是在普罗旺斯进行观察；而那位当年为我提供信息的莱昂·杜福尔先生，则是在西班牙进行的观察。尽管老师是权威很高的老师，但我当时还是留个心眼儿才对。如果不是碰巧常见蝎种黑蝎给我提供了信息，那么在丧失独立思考的情况下，我肯定会错过观察朗格多克蝎家庭的机会。

　　常见蝎比朗格多克蝎的体型小，也没有它那么好动。我曾在工作间的桌子上摆放了一些不大的广口瓶，里面喂养常见蝎，用它们做对照蝎种。这些普普通通的容器不占地方，而且便于观察，我每天都可以察看它们。早上，在开始往记录簿上填写文字之前，我总忘不了掀开食客们藏身的纸壳片，了解夜里发生的情况。但这种每日察看的办法，在使用大玻璃箱的情况下不大实用，因为玻璃箱里有许多格子暗室，如果一格一格地检查，不管怎样巧妙地恢复原样，也势必在箱中引起骚乱。广口瓶盛黑蝎，察看一遍只消片刻。

　　有一回，直系后代与母亲形影不离的场景，忽然映入我的眼帘。七月二十二日，早晨六点钟光景，我掀开黑蝎的纸壳掩蔽室，发现一只母蝎背上挤着一群小蝎，看上去仿佛披在母蝎身上的白色短斗篷。我心里顿时产生一种甜蜜的满足感，这种令人欣慰的时刻，观察工作者要隔很长时间才能赶上一次。这是我第一次看到雌蝎把幼蝎"穿"在身上的珍贵场景。蝎妈妈刚完成分娩，估计是夜里开始的，因为头一天晚上它身上还是光溜溜的。

　　还有别的成果等着我呢。第二天，又一只蝎妈妈被孩子们蒙上白斗篷。第三天，又有两只蝎妈妈披上白斗篷。至此一共四只了。我奢望之中的，也没有这么多。和四只母蝎的四个家庭在一起，静谧地度过几天，你会感到生活增添了种种温馨。

　　现在，运气仍一如既往帮助我。自从在广口瓶里获得第一次发现后，我就考虑用上玻璃箱了。此时此刻，我忽然想起了朗格多克蝎，想它是否不像黑蝎这样早熟。嗐，还想什么，快去看个究竟就是了。

　　二十五块瓦片全部掀开。啊，成就辉煌！我觉得老血管里有一股热流在滚动，那是股如此熟悉的热流，涌动着我二十岁时的激情。二十五块瓦片中，有三块的下面发现了正照看着家庭的母蝎。一只母蝎的孩子们已经开始长大，它们生长了有一个星期。要是我一直持续观察的话，早该知道这情况了。另两只母蝎刚生产不久，是在昨天夜里，因为大肚皮下还惟恐有失地保存着残留物。至于残留物能说明什么问题，我们等会儿再谈。

七月结束了，八月和九月又相继过去，再没有得到能为研究资料充实新内容的结果。由此可见，两个蝎种的繁殖期都在七月的后半期。七月一过，一切结束。可是，留在玻璃箱内的寄居客当中，还有一些大腹便便的雌蝎，体形和已经给我生出蝎宝宝的母蝎们产前一样。我一度以为，它们也要给蝎类居民增添人口了，其外观怎么看都觉得会是这样。冬天到了，它们没有一位对我的期待作出响应。这件看上去会很快发生的事，结果竟推迟到了下一年。这个新事实说明，妊娠期是漫长的。这样漫长的妊娠期，在低等动物中实属罕见。

空间狭小的容器便于细致观察，因此我把每只母蝎连同它所生的幼蝎，一起单独安置在一只较小的容器里。早间察看时，夜里产仔的母蝎，肚皮下还藏着一部分幼蝎。我用稻草尖拨开母蝎，在尚未爬上母亲脊背的幼蝎堆里发现一些东西。这一发现，彻底动摇了我所读到的各种书本上的不求甚解的说法。有人声称，蝎类属于胎生动物。这说法，仅就其所言而论还是颇有见解的；然而它缺了一样东西，那就是准确性。实际上，幼蝎并非一降生就具备我们所熟悉的那副蝎子模样。

这一点，道理上是讲得通的。你怎么可以想象，宽阔的钳子，伸展着的足爪，以及蜷曲着的尾巴，这些东西能进入母蝎那狭窄的通道呢？这么有碍行动的小动物，大概永远也不会穿过那条体内窄道。它出世的时候，必须是包裹起来的，不占什么空间。

在母蝎身下发现的残留物，正是名副其实的卵，它们与解剖已妊娠相当长时间的卵巢而得到的蝎卵，几乎别无二致。小小的幼蝎，以节省空间的方式，缩成米粒状的东西，尾巴顺在肚皮上，双钳回折在胸前，几对足爪紧贴在腰侧。这样，椭圆形的小生命团便可以轻巧滑动，不致出现时畅时阻的情况。额头上的小黑点，即是幼蝎的眼睛。幼蝎悬浮在一滴透明的液体里，此时这就是它的世界和大气，大气外面包着的是一层绝妙的薄膜。

那些残留物，就是地地道道的卵。分娩刚刚结束时，朗格多克蝎母蝎的身边有三四十个卵，比黑蝎母蝎的略少一些。遗憾的是，当我去观察夜间分娩的时候，已经太晚了，只赶上个结尾。不过，所剩无几的卵粒，也足以令我信服了。蝎类事实上是卵生动物，只是卵的孵化期极为短暂，母蝎产卵刚刚完，幼蝎就破卵而出。

幼蝎是怎样脱身出来的？我当然也有目睹这一过程的特权。我看到，母蝎用大颚尖抓起卵的薄膜，把它撕破，扯开，而后吞咽进去。给新生儿剥胎衣时，它格外精心，流露着母羊和母猫舔食胎衣时那种抚爱之情。尽管工具是那样粗糙，刚成形的小肉体却既未划皮伤肉，又未扭筋折骨。

我再一次感到惊讶：蝎类是最先将近乎人类的母爱传授给生命之物的。远在石炭纪植物区系年代，当着第一只蝎子出现之际，生儿育女的种种抚爱之心，就已在酝酿之中了。那相当于休眠种粒的卵，那当时已为爬行动物和鱼类所拥有，不久后又当为鸟类和几乎全部昆虫所拥有的卵，继而以一种微妙无穷的有机体形态应运而生，成为了高等动物胎生现象的序曲。至此，生命胚胎的孵化，不是在有各种事物间凶险冲突的体外环境中完成了，而是在母体的腰腹内完成。

生命进化并不是循序渐进的过程，不是一定从低劣进入良好，尔后从良好进入最佳。进化是以跳跃形式完成的，有的时候出现进步，有的时候也出现倒退。海洋有涨潮，也有落潮。生命是又一种海洋，比水的海洋更深奥莫测，同样有过涨潮和落潮。生命今后还会有涨潮和落潮吗？谁能说还会有？谁又能说不会再有？

如果母羊不用嘴唇摘除胎膜并吞吃掉，不能以此为手段使羊羔得到关照，那么，羊羔就永远不能从襁褓里脱出身来。同样道理，仔蝎也指望得到母亲的帮助。我见到有些仔蝎被黏膜粘缠住，在已经撕破的卵囊里不知所措地挣扎，然而却始终挣脱不出来。绝对不可以认为，幼虫自身会在挣脱束缚时起什么作用。以幼虫之脆弱，对付不了另一种脆弱，即出生囊袋的那种脆弱，尽管它薄得就像葱头片内壁的膜皮。

雏鸡嘴尖包着一层存在时间很短暂的硬趼，供它出世时啄裂蛋壳用。仔蝎则不然，它蜷缩成不占地方的米粒形状，无所作为地等待外来帮助。一切都由母亲完成。母亲工作，精益求精。分娩过程中附带排出的东西，它全部清理干净。即使是随大溜混在正常卵中的寥寥无几的未孕卵，它也绝对不放过一粒。碎衣破布一类的残片，一点儿也看不见了。一切都回到母亲的肚子里。产卵占用的那片地面，收拾得干干净净。

我们所看到的，是母蝎经过细心挑拣后存留下来的幼蝎。它们通体清洁，一身轻松。它们现在的身体是白色的。幼蝎从头至尾的身长，朗格多克蝎为九毫米，黑蝎为四毫米。脱胎清洁既已搞完，幼蝎们便一起开始了攀登运动，这儿一只那儿一只地往母亲背上爬。它们顺着母亲的钳子，不紧不慢地爬向高处。母蝎保持着双钳着地的姿势，为小宝宝爬上自己的身体创造条件。幼蝎一只紧挨一只地集结在一起，在毫无既定意志的混合编队过程中，组成母蝎后背上的一片覆盖层，而且面积还在不断扩大。它们凭借自己的小爪子，牢牢扒在母蝎身上。我试过，如果不对这些娇嫩的小生灵粗暴一点儿，用毛笔尖扫掉它们还真得费一番工夫。此时此刻，驮兽和驮载物都不动弹了，这正是开始实验的好时机。

母蝎身上穿着由子女们组成的细布白斗篷，这情景确实值得一看。母蝎保持静止不动，高高地翘卷着尾巴。我把一根稻草凑到蝎子一家的近旁，母蝎立刻举起双钳，带着一股怒气，这态度只有在奋起自卫时才偶尔看得到。它挥开双拳，拉起拳击架势，钳口张得大大的，准备随时还击。尾巴仍然翘着，但是在挥摆，这动作平时极少看见。但是，它不做突然把尾巴平放下来的动作，大概是怕脊背产生晃动，身上的驮载物会被甩下一部分来。只要有拳头，就足以构成威胁了，就够勇猛，够凌厉，够威风了。

雌蝎盛怒，我泰然处之。我拨掉一只幼蝎，放在母蝎面前，离它只有一指宽的距离。母蝎好像并不把这起事故放在心上，原来一动不动，现在仍一动不动。掉下个把小家伙，何必大惊小怪？滑落下去的小蝎，自己可以摆脱困境。只见它先打了半天手势，好不焦急。过后发现，旁边就有母亲的一只钳臂，随即迅速爬上去，重新回到众兄弟中间。它又骑在了马上。但它的动作并不灵敏，完全不能与狼蛛子弟的灵活敏捷同日而语，那蛛类的后代，个个是精通高空杂技的马戏演员。

实验又重复了一遍，规模比刚才大。这一回，我拨掉了驮载物中的一部分。幼蝎摔散开来，但溅落得不远。接着出现的是不知所措的局面，而且持续了相当一段时间。孩子们不知该往哪儿爬，来回打转，母亲终于对现状感到忧虑。母蝎用两条合抱成半圆的胳膊(其实是蝎类的钳式触角)，刮净地面的沙粒，从而把迷失的孩子领回自己身边。这一行动实在笨拙，透着粗野，丝毫不顾小宝贝是否会被轧碎。母鸡只需一声温和的召唤，离散的小鸡便回到自己的怀抱；母蝎却要搂上一耙，把幼蝎聚拢到一起。还好，所有幼蝎都安然无恙。它们一摸到母亲，立即爬了上去，重新集结起母背集团。

即使是素不相识的孩子，母蝎也会像对待亲生儿子似的，接纳它为自己这母背集团的一员。如果用毛笔扫帚，把一只母蝎的整窝后代或部分后代从它身上赶开，然后放到正照料自己孩子的另一只母蝎近旁，这后一只母蝎就会把它们用双臂搂到一起，好像搂的是自己亲生的儿子，心甘情愿地让新来的孩子们爬到自己身上。可以说，这母蝎收养了它们。当然，"收养"一词用在这儿，应该没有暗含这位新母亲野心太大的意思。母蝎是不会干那种事的。真正称得上野心大的，那是狼蛛。母狼蛛看起来憨态可掬，骨子里多多益善，别人的家庭也是自己的家庭。所以它自有主张：凡是在自己身旁攒动的小狼蛛，愿者自来，来者不拒。

地中海一带，常看到母狼蛛背上驮着一群幼蛛，在一种常绿矮灌木丛中游逛。我曾期待能看到蝎子也像狼蛛一样，驮着后代出去散步。然而雌蝎不知道这种消遣活动。一旦做了母亲，雌蝎一般情况下都不再出门；甚至在晚上，当其他同类都出去玩耍的时候，它也待在家里。它把自己关在小单间里，废寝忘食地养育儿女。

事实上，小精灵们还需要经受一次痛苦的考验，毫不夸张地说，它们必须再出生一次。现在，它们正做着一件默默无闻的工作，这工作就是由幼虫走向完全变态的成虫。幼蝎的外表虽然和成虫相当相像，但线条轮廓仍不够清晰，那形象仿佛是透过水蒸气看到的一样。可以想象，它们需要脱去那套幼儿套服，才能长成修长的身材，获得清晰的相貌。

这项脱外衣的工作，要求幼蝎在母蝎背上度过八天。这期间，幼蝎完成弃皮。我觉得，说"蜕皮"不很恰当，因为幼蝎的弃皮与真正意义上的蜕皮有区别，而且，蜕皮得经过若干次。蜕皮是在胸廓上裂开一道缝，虫子仅仅凭借这道缝脱颖而出，一身不再穿的干燥衣装就此抛弃。只是在丢掉干皮层这一点上，蝎类的弃皮与所谓蜕皮相同。蜕皮所丢下的空壳，就像一个模子，惟妙惟肖地保留着模塑物的外观。

我们现在所观察着的，完全是另一回事。我在一块玻璃片上，放了几只正处于弃皮过程中的幼蝎。它们一动不动地趴在那里，样子好像格外受罪，几乎支持不住了。外皮破裂了，没有专门的裂口，是前后左右同时挣破的。足爪提出护腿套，钳子抽出护手甲，从剑鞘里拔出来的是尾巴。脱下的外皮掉在地上，像堆破烂衣片。这是一种既无顺序，又不保持完整形状的剥落。这一过程完成后，外皮剥落的幼蝎便显露出蝎类规整的外观。不仅如此，它们的行动也变得敏捷了。虽然它们仍旧浑身苍白，但动作灵活得多，转眼间就下了地，在母亲身边玩耍，奔跑。最惊人的长进，表现在身体突然变长上。朗格多克蝎幼蝎的身长，原来为九毫米，现在变成了十四毫米；黑蝎幼蝎，也达到了六七毫米。身长增加了半倍，体积更增加了两倍之多。

惊讶之余，我们不禁会问，身体突然变长，原因何在呢？幼蝎事实上并未吃进任何食物呀。与此同时，体重非但没有增加，反而减少，因为丢掉了一层外皮。总之，体积增加，质量未增。因此，这是一种体积出现一定程度扩张的膨胀现象。与此道理相通的现象可举出，未经任何加工的物体会受热膨胀。由于内部变化，生命分子组合成空间更大的结构体，体积在没有新物质成分加入的情况下增加了。我想，谁如果非常有耐心，并且配备一套合适的工具，那么他大概就可以跟踪观察到这种建筑结构的一系列快速突变，直至它又获得一定的质量。我是自感知识不足了，这难题就交给别人去解决吧。

幼蝎剥落的外皮，是些白色的条状物，像上了光的碎衣片。它们绝对不会掉到地上，而是牢牢附着在雌蝎的身上。脊背上有一层，靠近腿根那一带更多，混杂交织在一起，已经变成一块厚软的白毯。刚刚剥落外皮的幼蝎，正好栖息在白毯上。坐骑现在又配上一副鞍垫，骑手们身体摇晃时，可以靠它来稳定身姿。幼蝎的破衣层，还是结实的鞍辔，可以为骑手们抓扶蹬

踏提供方便，上马下马一连串动作因此而更加轻快自如。

我用毛笔轻轻赶掉母蝎背上的孩子们，眼前立刻出现十分开心的场面。失镫落马的骑手们，操着异常迅捷的动作纷纷上马；它们抓住鞍辔垂条，借着尾巴撑杆的力量向上一蹿，瞬间翻身就位。奇妙垫毯为骑手上马充当鞍辔，这鞍辔可以结结实实地存在一个星期左右，也就是一直保存到幼蝎解除监护。那个时刻一到，垫毯便全部或局部松垮下来。随着小家伙们四下散去，垫毯也将变得无影无踪。

幼蝎开始显现出体色，腹部和尾部染上一层金黄，钳子变得像半透明大理石一般晶莹。青春让一切都变得美妙起来。它们确实美妙动人了，我的小朗格多克蝎们。如果保持住现在这副模样，而且没有那个很快将令人生畏的毒汁蒸馏器，它们就会成为人们非常乐意喂养的精美宠物。没过多长时间，小蝎萌发了解除监护的朦胧愿望。它们兴致勃勃地从母亲背上爬下来，在它周围快乐地玩耍。如果它们走得太远，母亲便发出警告，并且用前臂双耙在沙土上刮动，把它们重新聚拢到一起。

每当小憩的时候，雌蝎身边会出现不亚于母鸡和小鸡一起休息时的精彩场面。绝大多数小蝎趴在地上，挤在母亲身边；几只小蝎待在白垫毯上，只是此时的垫毯已变成一块块小坐垫；有些小蝎顺着母亲的尾巴爬高，攀上那螺旋峰的顶巅，饶有兴味地从那里饱览脚下的蝎群风貌；另一组杂技演员突然赶到山顶，撵跑已经过了观赏瘾的同伴，就此取而代之。是啊，每个小家伙，都想满足对观景台的好奇心。

围在母亲身旁的大多数家庭成员，也在那里攒动不停。它们钻在母亲的肚皮下，缩着身子，露着额头，视觉器官黑点在额前一闪一闪的。那些最不知闲的，专门喜欢母亲的长腿，把它们当作健身器械玩起来，噢，是在专心致志地练习吊杠。再过一会儿，大家都不玩了，重新爬上母亲的宽背，各自找好位置，安定下来。这一时间，谁也不再活动，母亲和孩子，无一例外。

现在是小蝎的成熟期，也是解除监护的准备阶段，时间持续一个星期，恰好和不进食而体积增加两倍的特殊工作用了一样长的时间。蝎类的家庭，总共在母亲背上待十五天。母狼蛛驮孩子的时间长达六七个月，这期间小狼蛛无需进食，却始终保持着灵敏的动作和好动的性格。那么，母蝎的孩子们吃什么吗？尤其是经过蜕变而获得新生及灵活性后，母亲是否请它们一道享用自己的美餐？是否把自己茶点中比较软和的东西留给它们？事实是，它谁也不请，什么也不留。

我投给母蝎一只蝗虫，是从我认为适合小蝎口味的小型野味中挑选的。母亲一口一口地嚼着肉，根本不顾周围的孩子们。正在这时，一只小蝎从母亲的脊背上跑过，一直爬到前额上，斜探出身子，观看母亲前面发生了什么情况。小蝎的爪尖碰着了母亲的下颌，小家伙突然退缩回去，魂都吓丢了。它离开了那里，算它谨慎。这位嚼起来收不住嘴的长辈，不但绝对不会给小蝎留一口吃的，而且很可能会突然一口咬住它，然后毫不介意地吞进肚里。

母蝎正在啃蝗虫头部，一只小蝎扒挂在了蝗虫尾部。小家伙轻轻咬咬，悄悄拽拽，真想吃上一小块。可是它放弃了自己的打算，原来，这个部位太硬。

还有一种情况相当多见。小蝎胃口初开，如果母亲稍加留意，给它们几口吃，特别是适合它们嫩弱嗉囊的食物，它们一定格外高兴地接受母亲的馈赠。然而，母亲只顾吃自己的，其他一概不管。

你们该怎么办呢，哦，让我度过了美好时光的漂亮小蝎？你们是想出走了，想到遥远的地方去觅食，寻找不起眼的小虫。这一点，从你们焦躁的游窜中已经看得出来。你们正逃离母亲，是它不再认你们这群孩子了。是啊，你们长得已经够强壮，是各奔东西的时候啦。

假如我清楚你们爱吃什么样的小野味，假如我有充裕的空闲时间给你们去抓活食，那我该有多高兴，我会继续抚养你们，而且不再把你们圈在出生地玻璃箱，不再让你们置身于碎瓦片，混迹于老年社会之中。我深深知道，那些老家伙胸襟狭隘，容不得人。那些老妖精会吃掉你们的，我的小宝宝们。母亲不保护你们，它已经把你们视为陌生的同类，下一年求偶期也会怀着嫉妒之心吃掉你们。你们应该离去。出于谨慎，你们必须这样做。

要是不走的话，你们住在哪里，又以什么为生呢？我们还是分手的好，尽管我于心不忍。今后几天里找一天，我将带你们到你们的领地去，把你们撒放在那里。那里的山坡上，石头可多呢，而且洒满了阳光。你们能在那里找到同类伙伴，它们和你们一样也刚刚开始长大，但已经在不足一指宽的石块下过上了独立生活。我可爱的小生灵，你们在那里，将比在我家更能学会为生活而艰苦卓绝地斗争。

[原著第9卷《朗格多克蝎的家庭》一文节译]

KUNCHONGSHUIZIBIAN

昆虫睡姿辨

谈及椎头螳螂的变形之前，还有个情况应该说清楚。在金属网笼子里，椎头螳螂的幼虫停在一个地方后，姿势始终如一，毫不改变。它用四只后爪的爪尖钩住金属网，后背朝下，纹丝不动，高高挂在笼顶，四个悬挂点承受着整个身体的重量。小家伙想移动时，张开那双劫持爪前端的爪钩，双双伸举出去，钩住一个网眼，将身体向前牵引一下。超短距离散步随即结束，劫持爪折收回来，重新端在胸前。一言以蔽之，这动物的吊挂姿势，几乎始终是靠四条踩着高跷般的后腿来维持的。

倒挂栖驻的姿势如此艰难，可坚持的时间应该说已不算短。就拿我那些笼子里的情况来说吧，这种姿势能一口气坚持大约十个月而不中断。诚然，苍蝇抓挂在天花板上的姿势，确实与此相同。然而苍蝇总要抽时间松弛一下，随便飞一飞，操起正常姿势走一走，肚皮贴地、肢体舒展着晒晒太阳。况且，它从事杂技训练的季节是非常短暂的。

椎头螳螂一口气坚持十个月，完成的是别具一格的平衡动作。它不仅这样仰面挂在金属网上，而且还操着这种姿势捕猎，进食，消化，打盹儿，蜕皮，变形，交尾，直到最后死去。爬上去的时候，它还年纪轻轻；摔下来的时候，却已是天伦享尽，落得一具僵尸。

处在自由条件下，事情就和上面所说的不完全一样了。栖驻在灌木丛间，椎头螳螂是背朝天站着，用合乎常规的姿势保持平衡；隔很长时间，才会出现一次倒挂姿势。长时间坚持倒挂，这只是我那群监禁犯们的反常表现，而不是椎头螳螂这个虫种的惯常行为。

　　笼中情景，令人想起蝙蝠，它们用后爪抓住石壁，头朝下挂在岩洞顶上。鸟的足爪，构造独特，因而鸟类可以用一只爪子撑住身体睡觉，而且，那爪子能不知疲倦地自动抓紧晃动着的树枝。椎头螳螂的爪子，与鸟爪的机械构造完全不同。这虫类生着的是可以活动的爪尖，其外观并不奇特：每条肢爪的前端有一对爪尖，每个爪尖上又各生出　一个小秤钩，就这么简单。

　　　　　　　　　　　我盼望能借助解剖学的技术，观看
　　　　　　　　　　到在跗节和细腿内运动着的肌肉和神经，

还有那操纵爪尖，使之在十个月里无论睡着或醒着，都能维持紧抠不放状态的筋腱。假如真有能满足我这个愿望的解剖刀，那么我想继而再请它帮助解决一个比椎头螳螂、蝙蝠和鸟类更怪的难题，那就是某些膜翅昆虫夜间休息的姿势问题。

八月末，我的篱笆围墙里，时常会有一只后腿赤红的泥蜂振翅悠荡，反复擦掠着熏衣草，在那里选择投宿地点。傍晚，尤其是白天闷热、黄昏下起暴雨的傍晚，我敢肯定，熏衣草上准有泥蜂用身体支成的别致的躺椅。呵！这虫类夜里睡觉的姿势，可真够得上别出心裁了！它是张开大颚，把熏衣草秆儿大口咬在嘴里。这姿势形成的是一个直角结构，这样造形的支撑基础，要比弓形的来得牢固。靠着惟一仅有的支撑点，泥蜂的身体横支出去，直挺挺地悬在半空，足爪全部收在胸腹下面。虫体与承载体的中轴线，恰成直角；形同杠杆的身体，将全部重量直接作用在大颚这个支点上。

泥蜂睡觉，是凭借口器的力量，将身体横撑在空中。只有虫类才想得出这类主意，它们动摇了人类关于休息的观念。尽管你暴雨夹杂着闪电，任凭你狂风催动着草秆儿，摇摆不定的吊床对泥蜂却奈何不得，它照样安然入睡。它最多只花一瞬间工夫，用后腿偶尔撑点一下正在摇晃的立竿；只要身体一恢复平衡，杠杆立即平举回最佳位置上来。大概和鸟的爪子有共通之处吧，泥蜂的大颚也具有那么一种功力：风动愈猛，抓握愈牢。

采用这种别致睡姿的，不仅仅有泥蜂，不少其他虫类也仿效它，譬如黄斑蜂、螺蠃蜂、长须蜂等，都是这个睡法。但这里所说的，主要是它们中的雄性。这些昆虫的睡姿，都是用大颚咬住一根草秆儿，身体横撑出去，肢爪收拢回来。其中个别虫子的身体肥大，所以要用腹部末端撑顶在立竿上，由此形成一种弓形睡姿。

我们察看若干种膜翅昆虫的投宿点后，仍然无法解释清椎头螳螂的那个问题，那的确是个很难解决的问题。椎头螳螂告诉我们：人类的辨别能力实在低下，他们解释不清在动物机器的齿轮系统中，哪些正处于工作状态，哪些正处于休息状态。泥蜂应用大颚静力学的悖论，椎头螳螂使用吊挂十月不松扣的秤钩，二者置生物学家于困惑境地，叫他说不出究竟哪种姿势真正是在休息。我以为事实上，除生命耗尽可称休息外，其他任何状态都无休息可言。因为，斗争并未停止，每时每刻都有某束肌肉在绷紧，都有某根筋腱在抽动。睡眠似乎是回归到虚无静态了，可实际上它和清醒状态一样，依然是在用力。这当中，有的是肢爪在用力，有的是卷起的尾巴在用力，也有的是爪尖在用力，还有的是颌骨在用力。

[原著第5卷《椎头螳螂》一文节译]

不同技艺的由来

B U T O N G J I Y I
D E Y O U L A I

我煞费苦心地琢磨：某一特定虫种具备哪一门技艺，这究竟由什么来决定？泥叶蜂用湿泥和嚼出的叶泥修建隔室；石泥蜂用水泥建筑居室；伯罗奔尼撒蜂制作胶泥瓶；切叶蜂用树叶的圆切片拼成小壶；黄斑蜂刮下绒絮制作小口袋；树脂蜂利用细石粒和树脂胶黏剂搅拌成水泥；木蜂在木头上钻孔打眼；采花蜂利用坡面地形挖地洞。为什么会有这些专业技能，以及许许多多别的专业技能？这些技能为什么有的赋予这一种昆虫，有的赋予那一种昆虫，而不是按别的方案分配？

我已经听到一种答案：技能如何配给，是由生物的结构来决定的；譬如有的虫子觉得，自己的工具装备很适于采摘、刮敛绒絮，而不适于裁叶、揉泥和搅拌树脂；自身可支配的工具，已经决定自己会具备什么专业技能。

的确，这道理很简单，而且我不否认，这说法大家都接受得了。事理讲到这个程度，对于没有更深入了解问题的兴趣和工夫的人来说，已经足够了。令人耳目一新的观点在流行，却并不那么能引人注意；那些能迎合好奇心的简单说道，反而更吸引人。是啊，有了这种说道，人们就不必再从事那些一上马就需花很长时间，而且有时还要付出艰苦努力的研究了；有了这种说法，人们便可以堂而皇之地宣称这叫"基础科学"了。没有任何做法，能比得上用两句话就道明世界之谜，能这么快就收到家喻户晓、尽人皆知的效果。思索之人没有这么快，他规定自己要知道的少一些，以便认识清楚一种事物；因此他限定自己研究领域的范围，不怕收获量少，只要颗粒皆优就行。在认同工具决定技能说之前，他要先看，要亲眼看。却不料他所观察的东西，远远不能证实那言简意赅的格言。我们也来关注一下他所怀疑的事情，凑上前去看个究竟。

富兰克林①留下一句用在这里十分中肯的名言。他说："一个出色的工人，应当会用锯子刨，用刨子锯。"如此看来，昆虫是比出色还出色的工人，想让它不照这位波士顿贤哲的话去做都不行。它的技艺博采众长，并堪称典范，能做到以锯子代替刨子，以刨子代替锯子；它以自己的灵巧，弥补工具的缺陷。我们刚才不是介绍了吗？那些工具不同的手工艺者，根本没有往高处爬多少，就七手八脚地收获、加工起树脂来，操勺子的操勺，操耙子的操耙，操钳子的操钳。由此可见，假如不是有某种才能的天赋在帮助昆虫坚持从事自己的专业，那么，即使拥有一件先天定型的工具，它也完全可以弃绒絮而取叶片，弃叶片而取树脂，或者弃树脂而取泥灰。

一支看似漫不经心，实则老谋深算的笔，捕捉到上面这些话，就会把它们记录下来。这样几行文字，将立即被当作奇谈怪论声讨一番。随人家怎么去说吧，我们向反对派们提出如下建议：大家找一位声望尤高的昆虫学家来看看吧，比如一位拉特莱伊②这样的昆虫学家。拉特莱伊潜心研究一切细节构造，但对习俗问题一窍不通。他和不少人一样，很了解死虫子，但从不过问活虫子。他充其量是一位极不一般的分类专家。我们就请他首先察看这只第一个飞来的蜂子，并根据它的工具来谈谈它有什么专门技艺。

说良心话，我们能指望他谈出个一二来吗？又有谁真敢让他来接受这番考

---

① 富兰克林：美国十八世纪杰出政治家、科学家。
② 拉特莱伊：自然学家，法国昆虫学创始人之一。

验呢？我们的亲身经验不是已经令人深信，光看外表是无法看出虫子有何专门技艺的吗？后爪粉筐和腹侧粉刷，这些能明确告诉我们这虫类采花蜜、花粉；然而它的专门技艺是什么，仍绝对是个秘密，哪怕你用放大镜把虫子观察个够。如果判断我们人类的技艺，那么，拿刨子的是细木工，拿抹子的是泥瓦工，拿剪刀的是裁衣工，拿针的是缝纫工。动物的技艺是不是也这样判断呢？那好，就请您这么告诉我们吧，说抹子肯定是干泥活儿昆虫的标志，半圆凿子是干木匠活儿昆虫的明显特征，小剪刀不折不扣是干裁切活儿昆虫的证明。再请您指点着告诉我们："这一位裁树叶，那一位钻木头，第三位搅和水泥。"除此之外还有哪，请您继续依据工具确

定一下技艺吧。

您确定不了，谁都确定不了。只要不采取直接观察的方法，劳动者的专业技术就是个看不透的谜，连最有经验的人都无能为力。这不已经充分说明，昆虫技艺五花八门，其原因并不在于它带的是什么工具吗？毋庸置疑，这些技术专家必须各有各的工具。然而，它们的工具却干什么都行，几乎就是富兰克林所标榜的工人的那种工具。用来收获绒絮的带齿的大颚，也切树叶、搅树脂、揉湿泥、锉木头、和灰浆；加工绒絮和树叶小圆切片的跗节，同样能出色地加工小泥隔室、小黏土塔和砂质马赛克。

昆虫的技艺千变万化，其理由究竟何在？从事实中我看清了，理由只有一个，即：意识驾驭物质。一种本源的灵感，一种先于形式而存在的才智，在左右着工具，而不是附属于工具。工具不决定技艺的门类，工具什么样不决定工人干什么。最开始就有了一个目的，一种意志，而虫子是以下意识的行动来实现它。是我们天生就有能看见东西的眼睛，还是我们有眼睛就让它看东西？是功能造就了器官，还是器官造就了功能？两组答案必选其一的双向选择题交给昆虫，昆虫均选择前者。它对我们说："我的技艺不是我所拥有的工具教给我的；我是根据工具与我所具备的才能之间如何契合来利用工具。"它以独特的方式告诉我们："功能决定器官，视觉使眼睛成其为眼睛。"它是在向我们重申维吉尔③的深刻思想：智可动重物。

[原著第4卷《采树脂的虫类》一文节译]

---

③ 维吉尔：古罗马最杰出诗人，对欧洲文艺复兴产生过重要影响。

虫体着色

CHONGTIZHROSE

被当地人叫做"法内－米隆"的食粪虫，是南美潘帕斯草原上最漂亮的食粪虫。依照正规的专业评注，它的名称为"亮甲虫"，这意味着它是一种光彩、灿烂、辉煌的甲虫。名字起得毫不夸张。这昆虫将宝石晶辉与金属光泽两种光学性有机结合，使身体各部位随着接收光线的角度、强度差异，变幻放射绿宝石般的青辉和红铜般的紫光。虽然它一生寻污掘秽，到头来却为自己这昆虫珠宝匠的珠宝带来了美誉。

我们的食粪虫衣着朴素，却喜欢非常华丽的装饰品。例如，一只金龟子的前胸配置了佛罗伦萨青铜，另一只的鞘翅涂抹了红酱。伪金龟的身体，上面是黑色，下面却是黄铜矿色。粪生金龟的身体，暴露于光照的部分是黑色的，腹部则是紫晶般华丽的艳紫色。

很多其他种类的昆虫，也都有各不相同的妆饰习俗。步甲、金匠花金龟、吉丁、叶甲等，以佩戴珠宝首饰而论，都能与美丽的食粪虫媲美，甚至有过之而无不及。若将这些珠宝首饰聚在一起展示，宝石匠都难免眼花缭乱。单爪丽金龟这山间溪畔桤木、柳树的主人，通体湛蓝，令人叫绝。这种蓝比晴空之蓝还柔美悦目，如此妆饰只有在某些蜂鸟的颈上，某些赤道地区蝴蝶的翅膀上才能找到。

为了这样打扮自己，昆虫到什么戈尔孔达①找来了它的宝石？在什么沙金矿里拾回了它的金砖？吉丁的鞘翅提供了多么好的课题啊！颜料化学能从中得到令人欣喜的收获。但这类课题似乎难度很大，连科学都还无法认识这些最朴素服饰的着色原理。问题的答案，到遥远的将来一定会有，尽管永远不会完整。说不会完整是因为，生命的实验室能够严守那些禁止我们实验室曲颈瓶知道的秘密。我此时此刻把自己看到的一点儿东西讲出来，也许能为未来的大厦增添一粒沙石。

我们细致观察一下以猎获物为食的两种幼虫，即泥蜂幼虫和水龟虫幼虫。两种幼虫体内一定会生成某种生命的变异物质，那就是尿酸或类似的某种酸。但事实上，水龟虫幼虫的脂肪层中没有看到这种酸的堆积，而泥蜂幼虫的体内却积存着这种酸。

这一阶段的泥蜂幼虫，自身排泄固体废物的管道还没有投入使用。虫体尾端的消化系统通道仍处于闭塞状态，尚未排出任何东西。体内产生的尿酸物质无法排泄，便积存在一大块脂肪里。这样一来，脂肪块变成了一座仓库，存放着体内器官加工原料后产生的废弃物，也储藏着用于再加工的可利用物质。这情况与高等动物切除肾脏以后的情况很相似：血液里本来带有微量尿素，含量并不显著；然而当排泄尿素用的通道被切断后，尿素成分只好积存在血液里，含量变得越来越大。

相反，水龟虫幼虫的体内，供排泄物使用的通道一开始就畅通无阻。尿类物质生成后随即排出，无需体内脂肪组织像仓库那样储存它们。但在自身发生深刻生理变化的变态期内，幼虫不可能有任何排泄活动，尿酸还是要积累下来，而且也是储存在脂肪里。

---

① 戈尔孔达：印度古城堡，位于安得拉邦。据史书记载，戈尔孔达附近曾盛产钻石。

研究尿酸残留物非常重要，只是在此不宜进一步深入下去。既然我们探讨的题目是着色，那就让我们言归正传，话题转回泥蜂所提供的资料。泥蜂幼虫的肌体几乎像玻璃那么透明，体色像不凝固蛋白一样不大鲜亮。半透明表皮之下可以看到一条长消化道，除此之外没有任何有色的东西。幼虫吃下了蟋蟀粥，消化道鼓囊囊的，呈红葡萄酒样的暗色。消化道下面，隐约可见一个透明度较差的扁椭圆形暗白色尿酸囊，囊中的细密颗粒这言清晰可辨。看着眼前这团细颗粒，就仿佛看到了已是半成品的一套美丽服装。虽然看上去就这么薄薄一片，但已经很了不起了。

幼虫阶段有通着消化道的尿酸囊，虫类就掌握了日后自我化妆打扮的手段。黄斑蜂已经告诉我们，它们怎样从小就在小棉絮袋里开始用自己的垃圾制作首饰。它们那种分布着白色结晶细颗粒的皮层，同样不愧为一项绝妙的发明。

利用体内产生的废物，花很小代价就把自己打扮得漂漂亮亮，这甚至在那些幼虫阶段即开通消化系统排泄道的昆虫那里，也是一种极为常见的做法。猎食性的膜翅昆虫就是这样，其幼虫也不得不用尿酸为自己准备斑纹服饰。还有不少昆虫，幼虫时代排泄管道是畅通的，没有尿酸囊。但它们很聪明，掌握另一种方法，照样获得了自制漂亮衣裳所需的虫体废弃物质。它们的方法，就是搜集其他昆虫匆忙排出的废物，经过自己体内消化吸收，把所需成分积存下来，以备自身妆饰之用。这正是：化极俗为奇美。

我们剖开毛虫的外衣，用放大镜观察它的虫体镶嵌画。皮下那些没有染成黑色的部位，会看到一层色素，有的地方发红，有的地方发黄，有的地方发白，都是一种黏性分泌物。我们从这层色彩斑斓的薄膜上剥离一小片，用硝酸进行处理。现在要观察的是，它是否色素，至于是什么颜色的并不重要。只见它在硝酸的溶解作用下，先沸腾发泡，接着衍生成红紫色的铵。由此可见，毛虫制服有那么艳丽的色彩，成因也在于尿酸。毛虫的脂肪组织里，确实存在微量尿酸。

　　皮层上呈现为黑色的部位，情况就不同了。对这些部位做化学处理，硝基锑水难以侵蚀，处理后与处理前一样，仍保持原来的沉着重色。能被试剂除去色素的那些部位，变得几乎和玻璃一样透明。仅仅以色别来划分，毛虫的美丽表皮，整体上其实就是两组拼片。

　　那些深黑色拼片，可以认为是染制的。染料浸透这批拼片，已经变为合成

皮层分子结构的有机成分，用硝酸分解不出来。其他红、白、黄诸色拼片，是涂制的，用的是名副其实的油漆涂料。红白黄半透明薄片上带有尿类石灰浆，这种物质是由脂肪层通过细管注入皮层的液体生成的。若直接就用肉眼观察，看不到黑色薄片上有石灰浆；但硝酸产生的化学反应结束后，没有光泽的黑底上呈现着星星点点半透明的

红、白、黄色斑。

下面再看看另一目昆虫的实例。论穿戴漂亮，蜘蛛目昆虫中的彩带圆网蛛真可谓得天独厚。它那粗圆的肚腹表面，交替排列着黑、黄、白各色横条，黑者深黑赛墨漆，黄者鲜黄似蛋黄，白者纯白如新雪。腹部末端则只有黑、黄两色，排列方式也不同：黑底色上并列两条黄带，双双延至拔丝器旁，颜色逐渐变成橘黄。胸侧各有一个浅色鸡冠花样的图案，呈四外扩散状，说不清究竟像什么。

用放大镜观察蛛体表面各黑色部位，没发现任何特别的东西，它们质地相同，强度也相同。然而在其他颜色的各部位，看得见一些网眼细密的网状结构，网脉是由多角形颗粒堆码成的。用剪刀挑开腹部一侧，很容易就能把蜘蛛背部的角质层完整地剥取下来，而且不粘连这层外皮下的肌肉。白色横条所在的部位，薄薄的角质层是半透明的。黄色和黑色横条所在的部位，角质层则分别是相应的黄色和黑色。这些白、黄、黑色拼片的颜色，的确来自某种带色素的涂料。这种涂料性的物质，用油画笔就能很容易地清扫掉。

白色横条所在部位，揭去表面角质层，暴露出一层多角形的白色微粒。这些白粒组合成一条横带，只是其中有的地方密度大些，有的地方密度小些。观察证明，这些细微颗粒本身是透明的，因此，生性活泼的蜘蛛有了雪白的饰带。优美的肚皮镶嵌画，画面上没有任何破坏视觉效果的东西，白色腰带与彩色腰带搭配得十分谐调。

各色细颗粒送到显微镜所用的玻璃载片上，滴上硝酸液做化学处理，结果它们不溶解，也不沸腾起泡。据此可以断言，它们不属于尿酸。这种物质大概属于尿碱，是蜘蛛目昆虫的一种生物碱。因此可以认为，这种东西就是蜘蛛表皮下生成的那些黄、黑、红、橘各色黏附性分泌物的色素。总之，这种美丽蜘蛛将动物体内残渣氧化，生成与毛虫所用不同的另一种化合物，而后加以利用。

美丽蜘蛛的工艺与美丽毛虫的工艺，二者实在难分高下。你别的昆虫能用尿酸化妆，它彩带圆网蛛也能用尿碱打扮自己。

长话短说，我这里谈到的只是几条资料，必要时还可援引大量其他资料来印证它们。我们刚才了解到的几个情况说明了什么？它们明确告诉我们，有机体的残余物尿碱、尿酸，以及生命提炼装置产生的其他废料，对于昆虫着色有重要作用。

与虫体涂料相比，虫体染料是个精细复杂的难题。迄今为止，能够付诸实际观察的现象领域非常小，目前可以看到的只有涉及染料色质演变的一些情况。潘帕斯草原食粪虫那光彩夺目的深红色宝石，本身就是向我们提出的一个问题。我们把问题提给潘帕斯甲虫的近邻虫种吧！说不定，这些近邻能让我又前进一步。

刚脱去蛹壳旧衣的埃及圣甲虫，露出的是一套奇装异服。这套服装与成虫的一身乌黑毫无共同之处，头、爪、胸都是鲜艳的铁红色，鞘翅和腹部则是白色。这种铁红色，基本上就是大戟毛虫的色调。但与毛虫红不同的是，硝酸显影液对这种红颜色的染料不产生作用。此时此刻，腹部表皮和即将由白变红的鞘翅表皮里，同样基质的染色素肯定正在改变着自己的分子结构。

两三天内，无色的东西变成有色的东西，这当中有一种新的分子结构在起作用。沙石本身没有改变什么，但是按另一种顺序排列组合，建筑物就会改变外观。

圣甲虫这种金龟子已变成浑身通红。这之后，散雾状的褐色物质开始出现在额套壳和前爪细齿上，这是劳动工具早熟的标志。这些工具因而获得特殊的硬度。再往后，较暗淡的颜色像烟雾弥漫一般在全身浮现，逐渐呈现为取代红色的褐色，最后又变成常态圣甲虫的黑色。不到一个星期的时间里，无色变成铁红色，再变成乌亮的黑色。至此，一切结束，虫体涂成了成年色。

金龟子、宽胸螳螂，以及其他许多昆虫，都是如此变色。潘帕斯草原的饰物——亮甲虫，大概也是这样把自己变美的。我肯定会是这样。假如把身在蛹壳褓褓的亮甲虫放到我眼前，我会看见，它的身体除腹部和鞘翅外，都染着不带光泽的红色或暗红色，要么就是褐红色；它的腹部和鞘翅最初无色，但很快就有了和身体其他部位相同的颜色。金龟子用黑色取代最初的红色，亮甲虫则应该是用火红的红铜色和苍翠的碧玉色，共同取代最初的红色。乌木、金属和宝石，它们是否与此有同理同因之处？显然有。

光，似乎与这些华美饰物的颜色演变毫无关系，既不加速也不延缓这种变化。日光直接照射太热，对娇弱的蛹是致命的。我在两片薄玻璃之间加进水，形成水屏，阳光变得柔和了。整个变色期间，我每天让金龟子、粪金龟、金匠花金龟接受弱化的阳光照射。我让昆虫证人们接受对比实验，有的置于漫射光下，有的放在黑暗当中。可我的实验没产生任何效果。阳光下与黑暗中，虫体颜色的变化进程相同，既没有在这种条件下加快，也没有在那种条件下放慢。

实验前即不难预料，光线差异对变色无效。平安度过幼虫期的吉丁从树干深处钻出，粪金龟、亮甲虫一类昆虫从地下故居出走，它们初见天日时披挂着的即是终生受用的饰品，此后的阳光并不会使饰品再增加什么光彩与绚丽。昆虫从事其化学着色，不求助于光，即使是蝉也如此。无论是囚在我们实验器材的黑暗角落，还是置身阳光充分照射的正常环境，挣脱幼虫期家园的蝉都一律由嫩绿变为暗褐。

昆虫以尿渣为染料。这种染料也可以在多种高等动物体内找到。人们至少知道一个例子，一种美洲小蜥蜴的色素，在滚沸的盐酸长时间作用下，最终变成了尿酸。这种情况不会是孤立的。照此看来，爬行动物也应该是用类似的生化物质，给自己的外皮染色。

从爬行动物到鸟类，差距并不大。野鸽身上的虹彩，孔雀身上的眼斑，翠鸟身上的海蓝宝石，红鹳身上的胭脂，还有一些异域鸟类的绚丽羽毛，这一切都或多或少与尿类排泄物有关系吗？为什么没有呢？大自然这最崇高最卓越的主宰，热衷于那些能造成巨大反差的事，这类事改变着我们看待事物的价值观。大自然把一小片很平常的煤变成金刚石，把陶器工人制作猫狗食盆用的黏土变成红宝石，把有机体的劣等残渣变成昆虫和鸟类华美的饰物。这类饰物包括，吉丁和螃蟹那金属般的绝妙护甲，叶甲和食粪虫那全身披挂的奢华饰品，蜂鸟们那紫晶、红宝石、蓝宝石、绿宝石、黄宝石，如此等等，不胜枚举。光彩夺目的饰物，切磨宝石的珠宝匠搜遍自己的专门词汇也搞不清你们是什么。你们究竟是什么？答案是：少量尿液。

[节译自原著第6卷《昆虫的着色》一文]

辛劳的寄生虫

X I N L A O D E
J I S H E N G C H O N G

毛斑蜂凭天性干自己力所能及的事。的确，我没有指责过它，因为我不能有什么别的做法。但有人认为，毛斑蜂它既废物又懒虫，毁了当初还是劳动者时所使用的工具。它愿意无所事事，喜欢用损人利己的办法供养后代；久而久之，这一族群就把劳动当成了可怕的事。收获工具使用得越来越少，会像无用器官那样退化，消失；于是，整个族群也会异化。总之，毛斑蜂以诚实的工匠开始，以懒惰的寄生虫告终。我现在正复述一种寄生说，这说法简明有趣，不妨多作些讨论。让我们看看这一理论更为具体的内容。

有位母亲干了一阵活儿，忽然着急产卵，发现旁边有同类造好的巢，便把自己的卵托付给别人的家。干活儿拖拉者贻误了建房与收获的时机，霸占别人成果便成了它的一种需求，这样做也是为了救自己后代的命。如此这般，它不必再耗时间、付辛劳，只需专心致志产卵。母亲的懒惰又被子女们继承下来。子女又代代繁衍，这种懒惰性一代比一代增强。之所以得到强化，是因为生命竞争需要这样简便的方法，它为成功传宗接代提供了最佳条件。劳动器官嘛，既然不用，就会逐渐废弃，直至消失。不仅如此，为了适应新的环境，体态、体色的某些细节也多少会发生变化。如此这般，这族群最终定型为寄生种族。

我根本不喜欢这种以科学面目出现的鼓吹懒惰的行径。我们听够了以动物学面目出现的许多怪论，比如，人是猩猩变的；有责任心的人是蠢货；良心是

勾引天真者的诱饵；天才是神经质；爱国是沙文主义；灵魂是细胞能量的产物；上帝则是童话人物。

再如，吹响战歌，拔出军刀，人只为互相残杀而存在；芝加哥腌肉贩子的保险箱就是我们的理想！够了，这样的论调够多了！变形论攻击劳动这一神圣法则，即便如此，我也不让它对我们的精神家园被毁负责，因为它根本没有真能支撑这一坍塌建筑的强劲臂膀，它只会干竭尽全力加速它坍塌的勾当。

再说一遍，我不喜欢这种鼓吹懒惰的粗暴行径。它彻底否定给我们可怜生命以尊严的东西，将我们的生命压扣在令人窒息的物质丧钟之下。哦！不要禁止我思考。即使思考问题是一种梦想，我也要思考人性，思考良心，思考责任，思考劳动尊严。假如都是为着自身和自己的种族，为什么动物认为弃劳动、靠剥削为好，而身为它们后代的人类却不敢苟同呢？母亲为家族兴旺而懒惰，这条定理本该发人深思。本人已经说得够多，现在请动物发言，它们的话更有说服力。

寄生习性的根源，的确在于喜欢懒惰吗？寄生者变成现在的样子，是因为它觉得什么都不干最好吗？难道休息如此重要，以至于它宁愿抛弃自古承传的习惯吗？我观察到膜翅目某些昆虫靠别人的财产养活自己的孩子，却始终没能从中看出它们习性懒惰。相反，寄生者过着一种比劳动者更艰辛的生活。让我们跟随它，到一处阳光火辣的坡地去。看呀，它多么繁忙！它辛辛苦苦地四下奔走，脚踏着灼热的地面，不知疲倦地寻找，然而所探之处往往不够理想，只得再继续跑它的冤枉路！为了碰上一处合适的巢穴，它上百次地钻进没有价值的洞，那些通道里都还没有安置可供自己后代享用的食物。好不容易找到一处，尽管洞穴主人心甘情愿了，却并不意味着主人还会对你寄宿者做出什么热烈欢迎的举动。寄宿者并不容易，自己的工作可不是那种轻松顺利的事。预产期一确定，费时耗力的工作就开始了。与劳动者筑穴贮蜜相比，这寄生者花的气力只多不少。劳动者的工作有规律，而且是一环扣着一环，因此为自己产卵准备了确保万无一失的条件。寄生者的工作却往往徒劳无功，必须靠碰运气，在一系列偶性然条件具备后才能产下自己的卵。尖腹蜂每找到一处切叶蜂的蜂巢，总是在那里左右徘徊，犹豫不决，因为占用别人的蜂巢还不知要克服多少困难。看到尖腹蜂这样的举止，我们能够理解。

脐眼蜂是墙壁石蜂的寄生蜂。石蜂一筑好巢，寄生者突然出现，长时间抠挠石蜂巢的外壳，意思是说：我这身小体弱的生灵，要在这座水泥城堡植入脐眼蜂卵啦。石蜂巢封闭得严严实实，整体外层涂着至少一厘米厚的粗糙灰泥，每间隔室都有沙浆浇筑的厚壁壳。脐眼蜂要探得里面的蜜，就要钻透岩石般的厚隔板。

寄生者勇敢地开始工作，懒惰大王开始干重体力活儿。它先一小块一小层地挖钻蜂巢整体的外壳，开出一口能刚好让自身通过的井。钻探到蜂房单间的壁壳，改用一口一口啃噬的技术，直到渴望获取的食物暴露出来。这项挖掘工作格外耗时费工，虚弱的脐眼蜂累得精疲力竭。沙浆壁壳坚固得几乎就是天然水泥，我用刀尖费好大工夫才勉强把它划开。寄生者就用那么一把小镊子，它需要怎样的耐力恒心，可想而知！

我不清楚脐眼蜂挖井所需的准确时间，因为我从来没有机会，或者说，我从来没有耐心从头到尾看完它的工作。但我知道，墙壁石蜂之强悍粗壮是它的寄生蜂所无法相比的。我眼睁睁盯着脐眼蜂破坏一天前用沙浆筑造的一个蜂房，一下午时间过去还没有完工。我只好在白天即将结束的时候助了它一臂之力，才算让它实现了目标。石蜂储蜜室沙浆壁壳之坚固不亚于石块，脐眼蜂要穿透的不仅是这储蜜室的封闭墙，而且还有整体蜂房的护壳。它得用多少时间，才能完成这样的工作啊。对于施工者来说，这工程实在太浩大了！

奋斗终于得到回报，密封的蜜挖到了。脐眼蜂钻进去，瞄着食物表面石蜂卵所在的位置，产下一定数量自己的卵。不论是外来户的孩子，还是房主本人的孩子，食物将供所有新生儿共享。

[原著第3卷《寄生理论》一文节译]

动物能思考吗?

DONGWUNENG SIKAOMA

动物能思考吗? 能根据因果关系决定自己的行动吗? 能在出现事故时改变自己的行为吗?

关于这个问题, 史书中没有记载什么有说服力的论据资料, 能够从文献中找到的零散论据又极少经得起严格检验。我所了解的一份最值得注意的资料, 是达尔文在《动物志》中提供的。他提及的, 是只刚刚捉住并杀死一只大苍蝇的胡蜂。天上刮着风, 猎物又太大, 猎手起飞很吃力, 于是停在地上, 切掉猎物的肚子和头, 再切下翅膀。它只带着胸段飞走, 这样做就减小了风所形成的阻力。如果只凭这样的材料, 我完全相信这当中的确透着某种理性。胡蜂似乎掌握了因果关系: 果, 就是飞行时受到的阻力; 因, 就是猎物与空气接触的面积。结论非常富于逻辑: 必须减少面积, 去掉肚子和头, 尤其是翅膀, 从而减小阻力。

尽管这样连贯的想法很简单, 但它真的是由昆虫的智力产生的吗? 我深信事情不会是这样, 而且, 我有不容置疑的证据。我在《昆虫记》[①]第一卷中, 已

---

① 昆虫记:《昆虫记》凝结着法布尔毕生心血的十卷本散文集。整部作品以作者本人的昆虫学研究为主线, 记录了自己的主要工作、成果、发现, 也记录了自己的所见所闻、所思所想, 并从不同侧面展示出自己的情操、心灵和人生。

借实验过程论证，达尔文的胡蜂只是服从于胡蜂惯有的那种智性；这种惯有智性表现为：肢解捕捉到的猎物，只留下最有营养的胸段。无论风和日丽还是狂风大作，无论在沉甸甸垂挂着的蜂巢包上还是在露天猎场，我都看到这种膜翅昆虫在筛选干鲜野味，把爪子、翅膀、头和肚子扔掉，只留下胸部做幼虫食用

的肉腐乳。那么，这种似乎是遇刮风而理性采取的切割行为，究竟能说明什么？什么也说明不了。因为，胡蜂在风和日丽的时候也是这样切割猎物。达尔文的结论下得过于匆忙了，这结论依据的是他自己头脑中的想法，而不是事物本身逻辑的结果。假如他事前了解胡蜂的习惯，就不会把一个与动物理性这重大问题无关的事实，当作严肃的论据。

　　我再次提到这个例子，目的是为了告诉人们：如果依据的仅仅是偶然观察到的事实，那么，无论观察本身多么细致，观察者要下结论都是极其困难的。不应以为有偶然碰上的一次事实就够了，因为那也许正好是惟一的一例。应当先反复观察，而后用多次观察的结果来互相验证；必须质疑已经掌握的事实，排除那种觉得它们之间有逻辑关系的意识，以便继续寻求更多事实；这之后，也只有在这之后，才可以留有余地地提出某些可信的看法。我到处查找，但找不到按如上要求搜集的资料。正因为这样，无论我多么想利用别人提供的论据，也不可能将别人的论点，套用在经我亲眼核实后证明是纯属偶然的事实上。

[原著第2卷《本能心理学断想》一文节译]

为生命而死亡

幼螳螂一出生，就沦为蚂蚁、蜥蜴和其他打劫者的猎取对象。那些家伙正耐心窥视着，只等美味食品小螳螂从集体孵化室露出身影。即使是螳螂卵，也在劫难逃。一种带针的小昆虫，扎透凝固泡沫墙，把卵接种在螳螂窝里，安顿下自己的后代。它的卵比螳螂的卵早熟，抢先出世后便摧毁螳螂的胚胎。螳螂产的卵非常多，然而经过淘汰后能保住性命的少之又少！一只母螳螂能做三个窝，产一千个卵，但也许只有一对逃过了灭顶之灾，又只剩一只繁殖了后代。如果不是这样，螳螂的数量就不会年年维持在大致相同的水平。

这就提出了一个严肃的问题。螳螂现有的繁殖力会不会逐步提高？蚂蚁和其他昆虫消灭它的后代，使其子女数量锐减。那么，螳螂的卵巢能不能孕育更多的胚胎，以大量的生产来抵消大量的破坏呢？它今天如此巨大的产卵能力，是从以前的低下生殖力进化过来的吗？有些人认定就是如此。他们津津乐道的是缺乏说服力的证据，却执意认为动物的嬗变是由环境引起的，殊不知其原因其实要深刻得多。

我窗前有棵粗壮的樱桃树，生长在池塘边上。这棵挺能结果的野树是偶然长在那里的，与我的先辈们毫不相干。它如今已是棵令人们景仰的大树了。值得景仰之处，主要在于那巨大的树冠，而不是品质平平的果实。每到四月，树冠简直就像无与伦比的白缎子华盖；满树枝头像蒙着一层厚雪，满地花瓣像铺了一层地毯。没过多少天，成片的樱桃红了。哦，我可爱的树，你多么慷慨！你的果实让我们装满那么多果筐！

树上也是一派节日气象！麻雀第一个知道樱桃熟了，一早一晚成群飞来，"叽叽喳喳"在树上觅食。麻雀把消息传给附近朋友，翠鸟和莺雀闻讯赶来，几个星期都在树上尽情享受。透着甜蜜心情的蝴蝶，这儿舔一口，那儿啜一下，飞跳着一粒一粒地品尝樱桃。金匠花金龟趴在小圆果上，大口大口吞嚼，嚼着嚼着已饱，刚一饱就睡着了。胡蜂和大胡蜂才把甜汁小囊的皮掐破，寸步不离的小飞蝇竟已抢先醉倒。胖乎乎的蛆径直坐在果肉当中，称心如意地啃咬自己的多汁住房；既已吃得腰肥体壮，很快就会离开圆桌静卧；过不久蛹中一变，就成了身腰秀美的一只苍蝇。

这盛宴的地面席案，同样满目宾朋。一粒樱桃掉下来，所有过客一片沸腾。到了夜间，田鼠把鼠妇、蠼螋、蚂蚁和鼻涕虫们①啃过的果核收集起来，深藏到地洞里，留待冬天有空儿时再破壳取肉，细细咀嚼樱桃核仁。慷慨的樱桃树，养活了无数的生灵。

假如有一天，这棵树要找继承者，找一位继续在如此繁荣、和谐、平衡的环境中成长的接班人，那时它需要什么？一粒种子足矣。然而它每年却结出无数种子。为什么结那么多，你能告诉我们吗？你是不是想告诉我们，起初樱桃树的果实很少，后来为最终能逃脱数不清的盘剥者，它慢慢变得多产了。你是不是又想用谈论螳螂的话来谈论樱桃树，仍然说"大量破坏会最终导致大量生产"。大胆无可厚非，但怎么能大胆到这般武断？樱桃树是将养分转化成有机物的加工厂，是将无生命物质演变成有生命物质的实验室，这难道不是显而易见的事实吗？即使结出的樱桃是用以延续物种的，那也只涉及一小部分樱桃，非

---

① 鼠妇、蠼螋、鼻涕虫：都是甲壳虫。

常小的一部分。如果它所有的种子都一定要发芽，一定要充分生长，那么，地球上早就没有地方长樱桃树了。樱桃树的绝大部分果实另有用途。樱桃和其他植物一样，果实从不可食用演变成可以食用；其自身这一化学变化过程，为大批缺乏能动创造力的生命提供食物。

造就那种被视为生命最高标志的物质——脑质，需要漫长而精密的过程。这种物质起源于极其微小的加工作坊，即微生物体内。一种能量比雷电还足的微生物，把氧和氮结合成硝酸盐，为以后出现的植物制备最重要的养分。这种物质就是这样，起源于微不足道的基质，优化于植物当中，萃取于动物体内，品质逐步升级，直至形成所谓的脑质材料。

不知经过多少世纪的漫长岁月，也不知通过多少自然界秘密劳工和无名技工的辛勤工作，矿物被开采出来，精髓被提炼出来，最奇妙的心灵工具——大脑被制造出来！这样造就出来的大脑，难道让我们只会说"2＋2＝4"就行了吗？

焰火升腾，其最高境界臻于绚丽多彩的火花。火花过后，一切又归于黑暗。然而，它的烟、气和氧化物，又会通过植物而最终形成新的爆炸物。脑质，就是这样完成转化过程的。它经历一个又一个阶段，得到一步比一步精细的提炼；臻于最高境界时，耀眼的思维火花终于在脑介质中爆发出来。思维火花既灭，脑质毅然离去，以报废分子的形态回归最初所属的低级物类，重新构成所有生命体的共同源头。

最先聚合有机物的，是动物的兄长——植物。今天的植物和地质时代的植物一样，以直接或间接方式向各类生命体提供食物，可谓第一食品供应者。它们在自己的细胞作坊里，为整个世界制造了食品，或者起码可以说是粗加工了食品。继植物之后是动物。动物细细研磨被植物加工过的食品，进一步优化处理成为更高级食品。于是乎，青草优化为羊肉，羊肉再因消费者而异，或转化为人身上的肉，或转化为狼身上的肉。

含养分的无机颗粒本身，并不能生成块状有机物。块状有机物，只能由植物那样的生物体将含养分的无机颗粒收集起来后制成。以无机物为原料制造有机物块的各类生物中，最多产的是第一个有了骨骼的动物——鱼。鳕鱼产出的鱼子，多到难以计数。问它产那么多鱼子干什么，它的回答与坚果累累的山毛榉和橡栗满身的橡树如出一辙。

鱼以自己之多产，养活无数饥饿的生物。自然界的有机物并不丰富，鱼类继承无数先辈自远古以来所从事的工作，抓紧时间增加自己的生命储备，为那些在第一时间加工鱼子的各类工人产出不计其数的鱼子。

螳螂和鱼一样，起源可追溯到遥远的年代。这一点，我们早就从它那奇异形状和野蛮习性上看出来了。如今，它那丰腴的卵巢又印证了这一点。它身体两侧至今各保留着一条干瘪的体痕，那是由于从前在树林间长着蕨类植物的湿地上拼命繁殖而形成的。今天，它继续为高级的"生物炼金术"做着贡献，当然贡献不大，但却十分实在。

我们离得更近些，看看它如何工作。泥土滋养着的草地变绿，蝗虫啃着青草。螳螂吃掉蝗虫，卵巢鼓胀起来。它产下三窝卵，卵粒总量上千。卵刚一完成孵化，蚂蚁立刻赶到，从卵窝里一件又一件地拾取这批丰富的战利品。那场面让我们看了感到震惊，实在看不下去。相比之下，螳螂无疑体型庞大，可本能的细腻性却不如蚂蚁。从这一点看，蚂蚁不知比螳螂高明多少！然而事物的循环并没有就此结束。

小蚂蚁还缩在蛹衣里，或者说尚处于蚂蚁卵形态，就被雉鸡吃掉了。雉鸡原本和母鸡、阉鸡一样，也属于家禽。可饲养雉鸡的开销大得多，它只好吃着蚂蚁长大，结果体质反倒增强了，饲养者索性把它们撒进树林里放养。这样一来，自诩文明的人类兴致勃勃而至，端起枪向它瞄准，冲它射击。可怜这鸡类早在养殖场里，说白了就是在鸡窝里，就已经丧失了赖以逃生的本能。人，不仅在养鸡场用烤肉钎刺穿尖叫着的母鸡脖子，而且还结成豪华猎队在林子里开枪射击另一种鸡——雉鸡。我真不明白，为何一定要从事这类荒唐的屠杀。

塔拉斯孔城的达达兰[②]见猎物逃走后，就冲自己的帽子射击。我喜欢他这样的作为。我尤其喜欢的是，人去猎捕（真正意义上的猎捕）喜欢吃蚂蚁的另一种动物，食蚁鸟，即普罗旺斯人所说的"伸舌头鸟"。这命名很巧妙，因为它横拦在一队蚂蚁当中，伸出特别长的黏性舌头，粘满黑压压一层蚂蚁就突然缩回来。这种鸟大口吞吃到秋天，已肥得难以想象。尾巴尖、翅膀根和胸肋两侧

---

② 达达兰：十九世纪法国作家都德在小说《塔拉斯孔城的达达兰》中塑造的文学人物。

已裹足脂肪，脖颈长成鼓鼓的一圈肉球，头上嘴下贴满厚厚的肉块！

　　这可是块美味烤肉，当然我也承认它太小，最多有云雀那么大。不过，像它这么小的动物，没有哪个能这么味美。它能比雏鸡差得了多少？话说回来，雏鸡要想味道好，腐败植物离不了！归根结底，这条食物链的源头还是植物。

　　我希望至少为那些微不足道的昆虫说句公道话！吃过晚饭，收拾好餐桌，我安静下来。此刻暂时超脱身体的生理负荷，于是许多好念头从四面八方汇集

而来，一些说不清是什么和为什么的火花，忽然间闪现在我的脑海。出现这些火花，诱因大概是螳螂、蝗虫、蚂蚁，以及更小的昆虫们。它们通过迂回多样的途径，以各自不同的方式，为我们的思想之灯添加了一滴滴燃油。经过一代又一代同类的耐心加工，点滴积蓄，长期传承，它们的能量最终注入我们的血管，为我们疲乏懈怠之时滋补体能。我们靠它们的死亡而活命。

一言以蔽之，多产的螳螂以自己的方式制造有机物，蚂蚁接过螳螂的有机物，食蚁鸟又接过蚂蚁，其后，大概人又会接过食蚁鸟有机物。螳螂产出一千只卵，只有一小部分用于繁衍后代，其余大部分都为生物大野餐做贡献。说到这里，我们不由得想起那条咬住自己尾巴的蛇的古老象征物。世界是个周而复始的圆：为开始而结束，为生命而死亡。

[原著第5卷《螳螂卵的孵化》一文节译]

保持生机的一潭死水

BAOCHISHENGJI
DEYITANSISHUI

铁匠找来三角铁,给我制作了容器的框架。木匠在框架下面安装上木质底盘,框架上面加了副活动板盖,四周镶嵌上厚玻璃。然后再装上用沥青涂封的密闭铁皮底壳,以及排换水用的龙头,好了,大功告成。

面对自己的作品,工匠们颇感得意。这是一件由他们作坊制作的非同寻常的稀罕物。作坊里不少人产生了好奇心,在寻思我用这玻璃小贮槽干什么。稀罕物引起纷纷议论。有人说我要储存橄榄油,是用它来取代那只旧容器,也就是那个掏空石碓子做成的油罐子。如果这些功利主义者得知,我将只是用花这么大价钱定做的器具,观看观看水里的区区小虫,那么,他们又会为我精神失常作何感想?

工匠满意自己这作品,我也满意自己这用品。它做得别致,透着雅兴,往大半天里处于阳光照射之下的窗前小桌上一摆,还真是特别好看。怎么称呼这容积五十升左右的容器呢?叫它鱼缸?不好,这种叫法有矫饰之嫌,会误导别人想到微观假山、小瀑布和金鱼。还是为严肃的事保留住严肃性吧。我用于研究工作的贮水容器,可不能混同于沙龙客厅里无关紧要的摆设。我们就称它"玻璃池塘"吧。

我在玻璃缸水底放置一大块石灰质结成的壳体,壳体表面附着了一些原生物质,扎根其中的灯芯草已见枯萎。这种石灰质块很轻,内部形成许多空心洞道，外观则像珊瑚礁。壳体表面滑腻，因为生着颜色青绿的牡蛎壳短丝藻，即一种细密的刚毛。成片成片的丝藻，宛如翠绿的草滩。靠了这些微型植物，我不必换水，也可以相当程度地保持水质清洁。不断换水，会干扰这移植的环境，不利于它维持自身的正常工作。在这里，清洁卫生与安宁平静，二者可谓确保成功的头等要事。

住进了动物居民的天然池塘，水中很快就充斥了令呼吸不适的污臭浊气，积存下动物遗留的残渣。照此下去，池塘就得变成"生命谋害生命"的罪恶深渊。只要有残渣积存，就要立刻裂解、净化，让它荡然无存。废物经过氧化，重新产生用于维持生命的气体，水中也就始终保有可供呼吸的成分。植物的绿细胞作坊，将这样的净化变成现实。

阳光照射到我们的玻璃池塘，此时非常适合仔细观赏藻类植物的工作情景。礁石上裹着带无数小光点的绿色地毯，外观酷似精美绝伦的天鹅绒绿球。这之后，绒球仿佛又插上了数以千计露着圆头儿的钻石大头针。再往后，接连不断

地，小小珠玑一个个从华美的绿绒球里跳出来，随即就像亮晶晶的小气球一样飘忽上升，还一路闪着星光。到后来，那景象简直就是不停发射着的水中焰火。

化学告诉我们，藻类自身的叶绿素受阳光激发后，可用于分解二氧化碳。由于动物居民呼吸，以及有机物残渣腐败，水中充斥着大量二氧化碳。藻类将碳储存起来，加工成新型生物；这一过程中产生的氧气，以细微气泡的形式释放出来。部分氧气泡溶解到水里，部分氧气泡升上水面。升上水面的泡沫，向大气源源不断地返还可供呼吸的气体。溶解于水的气泡，供池塘里的动物居民们生存用。水中产生的污染物，经过氧化便消除了。

一坨绿丝藻，竟能使一潭死水保持清洁不污。这既普通又奇特的现象，令我情趣备增，引我经常光顾玻璃池塘。我用着了迷的目光，仔仔细细地观看那一旦发射便不再终止的小光球焰火。此时此刻，眼前隐隐约约显现出远古年代的景象。那时候，海藻这植物长子，为生物制备好可供呼吸的初始空气；与此同时，大陆表面则开始生成湿土。眼前玻璃缸中的一切，正向我讲述充满纯正空气的行星的历史。

[原著第7卷《池塘》一文节译]

千条理论说道不抵一个事实

QIANTIAOLILUN
SHUODAOBUDI
YIGESHISHI

我担当着收集伯罗奔尼撒蜂情况的观察员角色，但工作并不出色，这一点本人第一个予以承认。如果人们都认为，自己所能提供的十分有限的资料就是伯罗奔尼撒蜂的全部情况，那么，我这么个观察员就不用再干下去了。管它什么泥蜂频繁闯入我们住宅，建筑储藏蜘蛛的泥窝，织造葱头表皮般透亮的薄皮口袋，这一切和我们没什么关系。收集标本的人会迎合这种话，因为他就怕别人看不起他干的事。他所干的，就是连翅脉都不差丝毫地把一片蜂翅描摹下来，好能在成套备用的画框里存放几天。然而在以更迫切问题为牵挂的头脑看来，他所干的无非是在维持某种近乎幼童般的好奇心。他收集着意义不大，实在看不出有什么用的事实，难道干这种事真值得他耗费时间吗？要知道，我们感觉时间流逝得那么快，蒙泰涅①称时间为"生命的质料"。假如了解一只昆虫的行为时也细而又细、不厌其细到他这种地步，不是太孩子气了吗？意义全然不同的许多极其重要的事情，压得我们喘不过气来，根本不让我们有寻寻这类开心的闲工夫。饱含艰辛经历的年龄，令我们有了这样的感受。如果在结束自己的研究生涯时，已经从眼花缭乱的大量观察中，隐约看到几个我们有可能探讨的带根本意义的大问题，那么我同样会道出这样的感受。

---

① 蒙泰涅：法国十六世纪启蒙思想家，散文大家。一作"蒙田"。

　　什么是生命？我们今后无论何时都可能再回到生命的起源吗？我们将可以凭借一滴蛋清就激起生命组织那壮观的前兆性振颤吗？什么是人类的智力？它与兽类的智力有何不同？什么是本能？人兽两类心理机制都不会削弱吗？它们是否归结为同一成因？各物种是通过变形论的那种关系线联系在一起的吗？它们是否都像刻有清晰纹样的金属号牌，不管怎样经久耐磨也经不起成世纪的时间磨蚀，纹样迟早消失得无影无踪？这些问题困扰着一切有教养的头脑，而且将长久地困扰下去。即使我们已感到想解答它们是枉费心机，并打算将它们弃置在混沌模糊的不可认知状态，它们依然会困扰我们。诚然，理论今天正以其目空一切的胆量，高傲地回答着一切问题。然而，千条理论说道不抵一个事实。所以，纵使理论再能说，也很难让摆脱了先验思维体系束

缚的思想者们信服。无论科学是否解决得了上面所说的难题，有一点是明确的，那就是，必须先拥有大量确凿无误的数据。昆虫学尽管领地不大，却能够以自己一系列有一定价值的数据，来充实整个科学的大数据。正因为如此，我要进行观察，特别是要进行实验。

观察，本身已是件了不起的事情。但只有观察还不够，必须再付诸实验。所谓实验，就是亲自参与进去，人为创造一定条件，迫使动物为我们揭示出在正常进程中它不肯告诉我们的东西。动物为达到既定目的，令人惊讶地调动起各种行为能力，我们当即便能看清这些行为的真实意图，从而使自己的逻辑推断与这一连串行为的逻辑相互吻合。我们为认识动物能力的性质和动物活动的原动力进行实验，但接受我们质询的并不是动物本身，却恰恰是我们自己的眼光。要知道，我们的眼光，总喜欢作出对我们所抱看法有利的回应。我已多次说明这个意思：只事观察的做法，往往会形成误导，因为我们会按照自己的理论体系来解释各项观察结果。若想让观察能显示出真实的东西来，就必须再求助于实验。只有经过实验，才能探讨虫类智力这种疑难问题。有人曾否认动物学是一门实验性的科学。如果动物学是一门仅限于描述、分类的学问，这种指责应该说是站得住脚的。殊不知，描述、分类恰恰是动物学很小的一个方面，它还有许多更高的目标。当动物学向动物了解有关生命的某个问题时，出面提问者就是实验。拿我这小天地内的事来说吧，如果我不重视实验，也就丧失了从事研究的有力手段。观察提出问题，实验解决问题。当然，这是说那类总归可以解决的问题。退一步讲，就算实验无法给我们带来大晴天，它也能让重重乌云的边缘透现出亮光来。

[原著第4卷《本能变异》一文节译]

捉灯有感

ZHUODENGYOUGAN

夜里，我带上一盏提灯，出去看夜景。身体周围是一圈弱光带，可以约略看出一片模糊的影像，但景物怎么也看不清。昏暗的光线散开，几步之外就黑下来了。再往远看，夜幕下漆黑一团。借着提灯，我只看到地面那天然马赛克铺层中的一块小方砖，而且还看得不真切。

为了看到其他小方砖，我移动着自己的位置。每次移动后，周围仍旧是一圈狭窄的弱光带，仍然只能隐隐约约地看到眼前的些许景物。我察看到的这些孤零零的点，究竟是按照怎样的规律一个挨一个地组合成整体画面的？光线昏暗的灯无法让我看清。这时候，恐怕还是得靠太阳来照明。

科学也是这样，它所做的也是用提灯照亮。它一点儿一点儿地察看小方砖，以此来探索由各种事物构成的永无穷尽的马赛克铺层。灯头总是供油不足，玻璃灯罩的透明度又如此之差。不过没什么：捉灯人没有做徒劳无益的事，他毕竟是走在别人前面，发现了庞大的未知体系中的一个点，并且把这发现指给了他人。

不管我们的照明灯能把光线投射到多远，照明圈四外依然死死围挡着黑暗。我们四周都是未知事物的深渊黑洞，但我们应为此而感到心安理得，因为我们已经注定要做的事情，就是使微不足道的已知领域再扩大一拃范围。我们都是求索之人，求知欲牵着我们的神魂，就让我们从一个点到另一个点地移动自己的提灯吧。随着一小片一小片的面目被认识清楚，人们最终也许能够将整体画面的某个局部拼制出来。

[原著第7卷 《熊背菊花象》一文节译]

童年忆事

TONGNIANYISHI

　　儿童快乐之时，他几乎与虫类不分彼此：开满花的山楂树当虫子的床，一只扎了孔的纸盒架在床上，里面养上鳃角金龟和金匠花金龟，他心里便得到那么大的满足。儿童一心惦记鸟的时候，他几乎与鸟类别无二致：他非要亲眼看见鸟巢、鸟蛋和大张着小黄嘴的鸟娃娃不可，说什么也得看。从老早开始，蘑菇就把我吸引住了，它们有那么多种颜色。第一次穿上背带裤，开始坠入读天书一般的十里烟云时，我这天真的男童仿佛觉得，自己像第一次找到鸟巢、第一次采到蘑菇时那么着迷。听我讲讲这些至关紧要的事件吧。人上了年纪，就爱倒嚼往事。

　　好奇心重新出现，把我们从无意识的模糊状态中分离出来，这一刻是非常幸运的一个时刻。此时此刻，你们正回忆起遥远的过去时代，这更让我不禁想起自己那些最美好的岁月。一窝小山鹑晒着太阳睡午觉，忽然走过一位行人，惊得它们四下散开。一团团可爱的小羽绒球夺路而走，全都消失在荆棘丛中。不过，局面很快恢复了平静，刚听到一声呼唤，大家就全部回到母亲的羽翼之下。

　　我回忆童年时，情形与此相仿。往事也像在生活的荆棘丛中被剐着羽毛的雏鸟；但一经提示，它们回到了我的记忆当中。一类往事，虽然逃脱了荆棘，但已经疼得直摇脑袋；另一类往事没有再回来，它们已经在市场商贩的摊位上断了气；还有一类往事，则依然保留着清晰的形象。然而这些从时间利爪下逃生的往事中，最富于生气的是那些发生最早的事情。儿童记忆的那层软蜡膜，正是在包存这类事情时强化成了难以销毁的青铜壳。

那一天，我很阔气，不仅有了一个解馋的苹果，而且有了自由活动的时间。于是我打算到邻近的一座小山顶上去看看，当时对于我来说，那儿就是世界边缘了。山顶上有一排树，它们都背对着风弯着腰，不停摇晃，似乎想拔脚逃走。在家里通过窗户望去，不知多少次，我看见它们在暴风雨中频频点头致意；不知多少次，当北风扫帚沿山坡卷扫积雪时，我瞪着它们在滚滚白烟中绝望地痛苦挣扎！那些饱经沧桑的树，它们现在正做什么？

令我关切的是它们逆来顺受的处境，今天在一片蔚蓝晴空下它们安详自在，明天当乌云掠过时它们摇摆不停。它们平静时，我感到舒服；它们惊恐万状时，我感到难过。它们就是朋友。它们每时每刻都能出现在我的眼前。早晨，太阳从它们身后那明亮的天幕上冒出来，光芒万丈地升起。太阳到底是从哪儿出来的？到上面看看去，也许我会弄个究竟出来。

我顺着山坡往上爬。坡面是并不茂盛的草地，已经被羊群啃得差不多了。一路看不见一簇荆棘，很不错，要不然衣服会剐得尽是口子，回家后还得拿我问罪。没有岩石块，也很不错，否则说不定会出什么事故。只有一些扁平的大石片，稀稀拉拉地分散在山坡上。你尽管照直走，路面情况完全一样。可这里的草地像屋顶，是有一定倾斜度的。只觉得坡面好长好长，我的双腿却太短太短。我几步一抬头，不断向山顶张望。我的朋友们，也就是山顶上那些树，总是觉不出和我越来越近。加把劲儿，小家伙！一直往上爬。

咦，那是什么，就从我脚边出来的？原来是一只美丽的鸟，刚从藏身的大石片遮雨檐下飞走了。上天恩宠，石下洞中有一个用绒絮和细稻草做的鸟窝。这是我遇上的第一个鸟窝，是鸟类带给我的第一次快乐。窝里有六只小蛋，互相挤在一起，看着那么可爱。鸟蛋颜色特别蓝，如同被蓝天浸染过一般。我被这等美事惊得难以名状，顺势趴倒在地，目不转睛地看着鸟窝。

就在这时候，鸟妈妈发着"咯咯咯"的轻细喉音，焦急地扑棱着翅膀，从一块石头飞到另一块石头上，始终不离我这位冒失鬼的左右。我当时处在一个不知天下有怜悯之事的年龄，混蛮劲儿十足，尚不懂得做母亲的忧心。一个计划在我心中盘算，那是一种透着小猎食动物心理的计划。过十五天我再来，在雏鸟离巢前把它们取走。这段等待的时间里，我先拿走一只小蓝蛋，就拿一只，这样可以骄傲地证明我发现了一窝鸟蛋。我生怕把小蛋挤碎，手心里抓上一些苔藓，把小蛋包在苔藓窝儿里。啊，管他呢，就让童年时代根本没有过第一次发现鸟窝这种狂喜的人来谴责我吧。

我轻轻握着揪心的小东西，生怕稍有闪失会把它弄坏。干脆就此停止，山不再往上爬了。等以后找一天，我再登上山顶，去看那些能升出太阳来的树木。我顺着山坡往下走。走到山下时，遇见了副本堂神甫先生，正一边读着他的经本，一边悠闲散步。他以为我拿着什么圣物，所以走路时步子迈得那么重。我把那只手背到身后，不料他居然发现我手里有东西。

“你那是什么，孩子？”教士问。

我一时不知所措，张开那只手，让他看了卧在苔藓床中的小蓝蛋。

“啊！一个萨克西高勒蛋。”副本堂神甫这样说着，“你是从哪儿弄来的？”

“山上，石头底下。”

提问步步深入，我的小过失彻底坦白出来：我没想找什么，忽然一个鸟窝让我看见了；鸟窝里有六个蛋；我从里面拿了一个，喏，就是这个；我想这样等那五只小鸟出壳；等雏鸟翅膀上长出粗羽毛秆儿的时候，我再去，把它们都端回来。

“我的小朋友，”教士开了腔，“你可不能这么做。你不能把一窝小鸟从它们母亲身边夺走。你要尊重一个无辜的家庭。你应该让仁慈上帝的那些鸟长大，让它们从窝里飞走。它们是田野的快乐，它们能清除地里的害虫。如果你想做个乖孩子，就别再去碰那个鸟窝。”

我做了保证，表示一定按他说的去做。于是，教士继续散他的步。当我回到家里，自己这儿童心智的生荒地里，已经着着实实播进了两粒种子。一粒是一席权威的话，它刚才教我懂得了损害鸟窝是一种不良行为。但我还是不明白，鸟类怎么会来帮助我们灭杀害虫，灭杀那些破坏收成的祸害。不过，我内心深处确实已经感到，惊吓母鸟是不好的。

另一粒种子是那个“萨克西高勒”，教士看到我拾来的鸟蛋时说了这个词。噢！我心里想，原来动物和我们人一样，也有名字。是谁给它们起的名字？我在草地和树林里见过各种各样的动物，它们又都叫什么呢？“萨克西高勒”这个词是什么意思？

时间一年年过去，学了拉丁语后，才知道发“萨克西高勒”音的那个词，指的是居住在岩石间的人。真是这么回事，当年我看见的那只鸟，在我出神地盯着它那窝蛋时，确实是从一处岩石尖上飞到另一处岩石尖上；而且安的家，也就是它的鸟窝，也正是在一块大岩石片屋顶之下。从书中，我又无意中进一步获得一个知识，知道了这种与多石丘岗为友的鸟还有另一个名字，叫"土坷垃鸟"，因为它在耕过的地里，总是踩着一块一块的土坷垃飞窜，巡视那翻出了许多虫子的道道田垅。到后来，我又知道了普罗旺斯人给它起的一个名字，"白屁股鸟"。这个叫法也很富于想象力，让人一听就能想到，当看见一只昆虫在翻过的田土上突然一蹦，做出个空中杂技动作时，它尾根上的一撮白毛便向两边展开，样子像只白蝴蝶。

就这样，一整套的名称词汇出现了。到了一定的时候，我已经可以向田野大舞台上成百上千的演员们，向田边小道旁成百上千冲我们张开笑脸的小花们，道着尊姓大名地热情致意了。副本堂神甫未加丝毫强调就脱口而出的那个名词，为我揭示出了一个世界，那就是一个由拥有学名的花草虫鸟们构成的世界。费心梳理这浩若烟海的词汇的事，留待来日吧。今天，我们只重温与"萨克西高勒"相关的往事。

我们村子的地势向西倾斜，西坡上分布着李树和苹果树的小果园，树上的果子正在成熟。小果园一座挨着一座，那景观宛如由果园泻成的瀑布。一片片的土地层层接排下去，每片土地都靠一圈矮墙拢住，墙上尽是斑斑点点的地衣和苔藓。坡地尽头脚下，有一条溪流。溪水不宽，几乎从哪儿都能一蹦就跨过去。在一些水面开阔的浅滩地带，半露着大块的平面石块，可以供人们踩跳着过河。令母亲在孩子不见时提心吊胆的那种深水，这小河里是没有的，最深处才到膝盖。亲爱的小溪，我见过不只一条浩淼的江河，也见过无边无际的大海，但惟有你是这样清新，这样明澈，这样安详。在我的记忆中，没有什么能比得上你那处根本不算壮观的细水小瀑布。你之所以能够令人难忘，就因为你是最早印在人心上的神圣诗篇。

一位磨坊主打了小溪的主意，要让这穿越草地欢快轻流的细水做些有益的工作。山丘半腰处开出一道渠，渠沟就着缓坡的斜度，将一部分溪水分流出来，引入一个蓄水池。蓄水池便成了推动磨坊转轮的动力源。水池边上是一条行人经常走过的小路，水池下方筑起一道拦水墙。

一天，我骑到一位小伙伴的肩上，蹭过满脸是蕨类植物的脏墙，从墙头向里张望。墙里面是一眼见不到底的死水，浮满了绿色的黏毛。这块黏糊糊的绿毯露着些空洞，空洞处正懒洋洋地游动着一种表皮是黑黄花色的短粗蜥蜴。若是今天，我会叫它蝾螈；可那时候，我觉得它是眼镜蛇和龙的儿子，就是夜里睡不着觉时大人给我们讲的那些可怕故事里的怪物。我的天哪！我可不想再看了，快点儿下来吧。

从那里再往下，水继续流成小溪，溪水又岔出几条支流。每个岔口处都长着桤木和桦木，它们歪着上身，枝叶互相交织，形成一处处绿荫凉篷。凉篷的下面，是七扭八歪的粗树根构成的门厅。门厅往里是长长的幽暗洞廊，恰似妙想天成的水上隐蔽所。这些隐蔽所的门前，摇曳着少许阳光。光线所照之处，形成一个个圆圆的亮点，那是因为，阳光被过了一道枝叶编织的筛子。

洞廊水中，停留着红脖鲹鱼。咱们轻着点儿走。咱们趴在地上观察。啊，这些小鱼多美呀，脖子鲜红鲜红的！小鱼一条挨着一条，挤成一群，头都朝着逆水方面。它们的腮一鼓一瘪，一刻不停地吐着大口大口的漱口水。它们只轻轻抖着尾巴和背鳍，就能在逆流中原地不动。树上落下一片树叶。嘿！队形一下散开，小鱼们顿时无影无踪。

离溪水远一点儿的地方，长着一小片山毛榉，棵棵树干光溜溜，直挺挺，活像一片塔林。壮观的树冠枝叶间，几只短嘴乌鸦一边"叽里呱啦"地议论着什么，一边从翅膀上拔掉几根已经被新羽替换下来的旧羽毛。地上铺满了青苔。刚在这软绵绵的地毯上走出几步，就看见了一个蘑菇，它还没有完全长开，看上去就像哪只到处流浪的母鸡丢下的一个蛋。这是我平生第一回采到蘑菇。我破天荒头一回，把一个蘑菇捏在手指间，翻过来调过去地观察，了解一下它的构造是什么样的。我此时产生了极大的好奇心，而这好奇心，则正是使人萌生观察欲望的一种启蒙。

不一会儿，又发现一些蘑菇，大小不一，形状不同，颜色各异。在我这样一个初学者的眼里，这已够得上眼界大开了。那些蘑菇，有的被造成了钟形、熄烛罩形或平底杯形，有的被拉成了梭子形，抠成了漏斗形，塑成了半球形。我又遇上了这样的蘑菇，折断后会淌出一种奶汁状的液体；也遇上了这样的蘑菇，捏碎后只消片刻，就变成蓝色的了；还遇上了这样的蘑菇，个头儿长得特别大，但却已经开始溃烂，腐烂处攒动着蛆虫。

另有一种形状像梨的蘑菇，质地干燥，顶端敞着个小圆口。当我用手指轻轻弹敲它们鼓肚部位时，它们就像小烟囱一样，从圆口里冒出股股烟雾。这情景特别令我感到新奇。我采了许多，装满了用衣服扎成的口袋，有空儿就取出一个玩玩冒烟，一直把里面的烟尘状东西弹敲干净，最后只剩得火绒样的一个小绒球。

这片其乐无穷的小树林，不知给我带来多少轻松和快乐！自

从头一回发现了蘑菇，我后来又到小树林去了好多次。在乌鸦们的陪伴下，我在那片林子里完成了从实际中认识蘑菇的学业。不知不觉，我已采集了许多蘑菇。然而，我的收获却不为家人所接受。我们那儿管蘑菇叫"布道雷耳"，得了这么个名字的蘑菇，在家人那里名声不好，他们说它会让人中毒。我实在弄不明白，看上去那么让人喜欢的布道雷耳，怎么会如此险恶。后来，父母给我讲了他们的亲身经验，我才明白怎么回事。然而即便如此，也丝毫没有妨碍我与这毒物保持忘乎一切的亲密关系。

由于我不断光顾山毛榉林，最后总结出自己发现的所有蘑菇分为三个类型。第一类包括的品种最多，这类蘑菇底部都有放射状的页瓣。第二类，朝下一面生着一层厚垫，垫上有一些肉眼刚刚能看到的细筛眼儿。第三类，表面上分布着许多小尖头儿，样子就像猫舌头上的细小鼓突。我需要一种能帮助记忆的规律性认识，结果便发明了一种分类的方法。

又过了很长时间，无意中有几本小册子落到我手里，这时我才知道，我的三种分类，早有人掌握了，别人甚至还用了拉丁文名称。尽管我不认识拉丁文，但远远没有因此而扫兴。给我提供第一批法文、拉丁文互译练习机会的拉丁文命名，使蘑菇变得高贵起来；那种本堂神甫先生诵说弥撒经文时惯用的古代人说话方式，使蘑菇变得光荣起来；如此这般，蘑菇在我心目中的形象高大起来。为了能使这么高明的称号显示出价值，应该设法让它们具有实实在在的意义。

就在这些书本里，也提到了那种会冒烟的令我非常开心的蘑菇。那种蘑菇名叫"狼放屁"。我觉得这名字难听，没教养似的。紧接着，书里又提到它的一个较为体面的拉丁文命名，叫做"丽高拜东"。谁知，这拉丁名看起来是体面些，却不料徒有其表，因为后来有那么一天，我根据拉丁词根构词法才弄清楚，原来"丽高拜东"这个词的意思恰恰就指的是狼放屁。植物史领域拥有极为丰富的名词术语，它们并不都适合用法语译明意思。古代人遗赠给我们的东西，不如我们今天留给后人的东西那么严谨规范，他们的植物学，有许多地方保留着有悖于文明道德的直言无讳式粗鲁风格。

曾几何时，我怀着不为大人所同情的儿童好奇心，独自闯入认识蘑菇的天地。想不到那尽享稚福的年代，一转眼已经离得如此遥远！"Eheu fugaces labuntur anni"①，贺拉斯是这样感慨的。唔！的确如此，年复一年，光阴似箭，流逝得飞一样快。如今更是如此，眼看这光阴就要枯竭了。岁月曾经是快乐的小溪，不慌不忙地穿行在柔柳轻条之间，顺着觉不出斜倾的坡面悠然漫步；如今它们已是湍急的激流，无情地冲刷着一把老骨头老筋，势不可挡地泻向深渊。光阴稍纵即逝，让我们好好利用它吧。

暮色降临，樵夫赶紧把最后几束柴捆拢起来。和樵夫一样，我这位身在学问森林中的砍柴人，当生命暮色降临的时候，曾想到过把自己的大柴捆整理一番。我对各类昆虫本能的研究还有哪些没有做？粗粗想来，所剩无几；最多还开着几个窗口，窗前那片世界尚未予以足够充分的注意，仍有待探索。

各种各样的蘑菇，从我还是孩童的时代开始，就使我享受到了植物学带来的快乐。然而它们不会有什么好下场。我曾不断到林中去探望它们，即使是今天也依然如此。每逢秋季，只要下午天气宜人，我一定要拖着僵直沉重的步履去拜访它们。什么也不为，就是想和它们重新建立彼此间相互了解的关系。我总是想多看一眼那迷人的景色，一大片玫瑰红色的欧石南地毯上，到处点缀着牛肝菌那硕大的脑袋，伞菌那生动的柱头，还有珊瑚菌那一丛丛、一簇簇绛紫通红的倩影。

塞里尼昂是我生命的最后一站了。这里的蘑菇毫无保留地向我展示了它们的迷人姿色。附近那些长着成片矮栎树、野草莓树和迷迭香的小山上，居然生

---

① 此为拉丁文。大意是：呜呼！往日年华，疾流而逝。

着这么多种千姿百态、绚烂多彩的蘑菇。最近几年，这样一笔财富忽然叫我萌发了一种想法，一项走火入魔般的计划。我强烈感到应该采用画模拟像的方法，将我不可能按原样保存在标本集里的东西收集在一起。于是，我开始作画了。周围见得到的所有种类的蘑菇，不管它有多大，也不管它才多小，我都按其自然状态的尺寸绘制下来。水彩画艺术与我不曾有缘。然而这没什么，未曾实践过的事，我就发明创造出来吧。我可以先画得不很好，而后稍微强些，最后就能画好。我想，对于每日一个字一个字写作散文的苦熬生活来说，画笔肯定有散心解闷之妙。

事至如今，我已经成了拥有几百幅蘑菇图的人。住宅周围一带的各种蘑菇，都依原样尺寸和原色，画在了这些纸上。我这一大本蘑菇图集，是颇有些价值的。就算它在艺术表现上不够纯熟，可起码还是具备准确性的。画集的事传了出去，一到星期天，就有人前来观赏。来者都是乡下的普通人，他们天真地望着一幅幅画，感到格外惊讶，想不到人手能在既无模子又无圆规的情况下，能画出这样绝妙的画。他们当即认出了画上的是什么蘑菇，然后告诉我老百姓管它叫什么。这说明，我的画笔还是忠实于观察对象的。

这一厚摞水彩画，是付出那么多劳动才换来的成果，它们将来会变成什么呢？可以想见，最初一段时间，家人将虔诚地保存我这份遗物；然而它们总要成为累赘，从一个壁橱换到另一个壁橱，从一个阁楼塞进另一个阁楼，耗子不断光顾，纸页污迹斑斑；迟早有一天会落到某位远房小孙子手里，被撕成正方形，用来折了纸鸡纸鸟。这是必然的事。我们怀着自己的心愿而特别珍爱过的东西，到头来会凄惨地毁在现实的利爪之下。

[原著第10卷《童年忆事》一文全译]

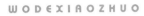

我的小桌

时间已到，该上分析几何课了。和我合作的那位数学家，大概马上就到。我估摸着　他要讲的我都能懂，我事先翻过书了，发现要讲的那个问题经作者这么一写，读来已经很轻松，没有什么太费解的地方。

就在我的屋子里，面对着一块黑板，我们的课开讲了。几讲过去，时已入夜，在一派肃静中我突然惊讶地发现，我这位资深天书先生，其实与我那位有一种最常见毛病的学生是一个模子刻出来的。一遇到横、纵坐标的组合，他就说不大清楚了。于是我便积极主动参与进去，自己操起粉笔，画出线条走向，掌起我们这条代数小船的舵把。我就书本上的内容发表见解，用自己的方式加以解释，逐段查找课本上的相关要点，探明妨碍理解的暗礁，直到东方微微发白，我们被渡到答案的岸边。想起来，逻辑思路冒出得那么快，问题解决得那么轻松，那么清楚。好多回，就觉得简直是自动记起来的，而不是学来的。

如此这般，我们俩的角色颠倒过来。我刨动坚固的凝灰岩，敲成碎块，再耙成松土，一直做到能让思维扎进去为止。我的同事呢(唔，这回我可以平等相称了)，他听我讲，对我提出一些异议，给我推出一些难题，然后我们就合力攻坚，共同解决这些难题。有两根通力协作的撬棍插入撬缝，岩块开始松动，随后就滚到一边去了。

开始时，这位先行者并不把我放在眼里；现在，他眼角上那种小看人的皱纹完全消失了。我们之间出现了一种坦诚，一种互相感染的活力，这活力可以使人有所作为。渐渐地，窗外映进晨曦曙色，尽管依然曚昽，但已充满希望。我们两个都精神焕发。我所获得的是一种双重的满足感：自己明白了，也让别人明白了。就这样，黑夜的一半时间在一种难以名状的享乐中度过了。当明晃晃的太阳刺得眼皮发沉的时候，我们中断了研讨。

我的同事已经进了给他准备好的房间。此时此刻，他是否在安然酣睡，一点儿也不回想我们刚才经历的那些让人着魔的情节？我进去查访，果真他睡得很熟。这种优越性，我可不具备。像把黑板上的东西用板擦一抹了之那样，也让头脑中的内容顷刻消失，这从来不是我的做法。各种交织在一起的念头依然存在，构成蛛网般颤动着的思维网，任何休息状态被它缠住，都别想能安稳得下来。

最后，困劲儿终于上来了，可事实不止一次证明，此时进入的只是某种似睡非睡状态，不仅远远没有抑制住思维活动，反而使之得以持续，甚至比刚过去的不眠之夜还来得清醒。处于这种大脑活动还没有中止的模糊意识状态，头一天想攻克而无从攻克的数学难题，也就快解决了。我几乎并没有意识到，一柱格外明亮的灯塔已经出现在自己的脑子里。

这时候，我一下子蹦到地上，重新点着灯，赶紧把想到的东西记下来。这些想法若等到一觉醒来，也就再也回忆不起来了。真像暴风雨中的闪电一样，这些思维亮点来得突然，去得也极快，眨眼工夫就消失了。

它们是从哪儿冒出来的？也许是我的习惯造成的？我养成了一种起得特别早的习惯，这样可以使头脑不间断地摄入食物，可以源源不断给思维的灯头续足燃油。你有心在脑力工作中作出成就吗？那好，最牢靠的办法就是做到"念念不忘"。

我这位同事死活不愿领教这个办法，而我却不仅死活要坚持，而且是坚持不懈地这样做了。也许正是因为如此，二人的角色掉了个过儿，徒弟变成了师傅。说起来，早起并不是什么难以忍受的无尽苦恼，也不是什么力所不能及的过分操劳；这其实是一种乐趣，那种享受与读首好诗差不多。我们那位伟大的抒情诗人，在他那本《光与影集》的序言中写道："数既在科学当中，也在艺术之内。代数包含在天文里，而天文则紧挨着诗歌；代数包含在音乐里，而音乐也紧挨着诗歌。"

这是诗人的夸张吗？不，肯定不是。维克多·雨果说的是真事。代数即有序之诗，它是具备神思飞跃功能的。我感到，它的公式、段式结构那么华美而绝妙。至于别人有什么看法，尽可与我不同，我绝不感到惊讶。只要我一时不慎，把内心超几何学的激情思绪吐露给我这位共事同仁，他眼角上就立即又皱出那种带讥笑意味的褶子，随后便会冒出一句："别说那些纯粹的废话。还是画画我们的曲线切线吧。"

此话说得有道理，他是先行者嘛。的确，日后的考试将要求做到极其严格规范，不允许掺杂这些想入非非的冲动。可作为我，难道算大错特错了吗？用理想的灶火给冰冷的计算术加加温，将数学思维提升到超乎公式之上的高度，用生命的光焰激活抽象世界那些幽暗的空洞，这不正是为志在深入未知领域的行动减轻负重吗？我这位同事，对我提供的旅行保障不屑一顾，百般艰辛地赶他的路；而我，却在这条路上轻松愉快地完成旅行。我之所以用代数这根硬棍作支撑，是因为能从中听到一种有助于向前飞跃的声音。于是，研究变成了一种给人以欢乐的事。

会画直线相交形成的夹角后，我又学会如何画出曲线的优美，这样一来，收益就更大了。有多少圆规所特有的性能还未搞清楚，有多少高明的法则还蕴含在一组方程式中，它们就像个神秘的核桃，必须采用具备艺术性的巧妙去壳方法，才能取出丰厚的仁肉，才能提取一个定理！在这个数学项前加个"+"号，它就成了椭圆形，即那些行星运行的轨线，它具有两个密切相关的焦点，两点之间往返形成数目恒定的向径；如果加个"－"号，就代表的是焦点互斥的双曲线，其曲势以无限多的岔线形式不可逆转地划入太空，于是便形成一种越来越接近为一条直线但又永远不会成为一条直线的渐近线。去掉这个数学项，那末就意味着是抛物线，它无论怎样延长也没有用，都不会遇到那个已经失却了的第二个焦点，这就是降落的轨线；这也是一些彗星的滑行路线。这样滑行的彗星们，有一天会光顾我们的太阳系，其后便没入无垠的太空，最后就永远不再回来了。用这样的思路来勾画宇宙间各个世界球体的轨道，岂不妙哉？我以前就觉得很妙，如今想来仍觉得很妙。

经过十五个月的这类训练，我们一同来到蒙彼利埃的数学专科学校。结果，两人都取得了数学业士①学位。我的伙伴已经筋疲力尽，而我从分析几何学中得到的却是愉悦。

我的合作者被圆锥曲线问题搞得疲惫不堪，再也不想钻研下去。我清楚地告诉他，再争取提高一步，拿下数学学士学位，这样我们就能够领略高等数学的辉煌境界，从而为研究天体力学创造条件。但这些鼓劲都白费了，我无法调动起他的积极性，无法使他产生和我一样的勇气。

依他的看法，我提出的计划纯属想入非非，真做下去只会熬干我们的血管，终将无法实现。的确，如果没有另一位经验丰富的领航员指点，如果除了想用固定套话显示简洁却往往变得不明不白的一本书外，不能再找到另一种罗盘，那末只要一遇上障碍航道的礁石，我们这条小船必沉无疑。然而，即便是身在半个核桃壳中，也总可以鼓足勇气，藐视茫茫大海的惊涛骇浪嘛。

或许是因为听了我这番话，或许是因为隐约看到某种令人却步的天大困难，

---

① 业士：法国设置的中学毕业会考合格者学位。

总之他向我作出了解释，说明他不想继续和我一道往下走了。我一心继续航行，不管会不会在靠岸前被那片并不好客的海域拍得个粉身碎骨；而他呢，则一味保持谨慎，决意不跟我走。

我猜想还有另一个理由，只是我这位临阵脱逃的老兄不肯承认罢了：他反正刚刚弄到了对实现个人计划着实有用的一纸文凭，其他一切，于己何妨？他会这么说：仅仅为着学习的乐趣就受熬通宵、伤元气的罪，难道真值得吗？那小子是疯子，根本没有实惠可图，却那么倾心于做学问的痴醉感。咱还是缩回自己的螺壳，关上封盖靠老天，过咱软体动物的日子吧；这才是好好活着的诀窍。

我没有这样的哲学。一个阶段完成后，继续为认识难以捉摸的未知领域做下一阶段的工作，只有处于这种状态之下，我才有兴奋感。正因为如此，我的合作者与我分手了。从此以后，我只剩下一个人，孤单得可怕的一个人。不眠之夜里，既没有了可以消遣解闷的聊天人，也没有了争论研究课题的对手。身边再也找不到一位能理解我的人，再也找不到一位哪怕采取消极态度但能提出反对意见的人，一位与我发生能够带来闪光效应的冲突的人，这冲突是一种可以迸发出火星的两块石头的碰撞。

面前竖起一道拦住去路的障碍，犹如直上直下的峭壁，此时此刻却没有一副亲切的肩膀辅助我，支持我一心攀上高峰的行动。我只能靠双手在凹凸不平的壁障上使劲扒抠，但常常坠落下来，摔得遍体鳞伤，而后再做冲击。当精疲力竭地抵达顶峰的时候，听不到任何对我抱以鼓励的回应，我只好自己发出胜利的喊叫。但终于，我总算可以从山巅眺望一眼了。

我这种数学战役需要大量付出的，是执著的沉思。这一点，我在一开始阅读这些书时便领略到了。我进入了那种属于抽象性质的领地，那是一块只有靠思考这坚韧的犁铧才翻耕得动的地界。供我与朋友共同研究分析几何时画曲线用的黑板，现在没人动了，我更喜欢用的是笔记本。一定数量的纸页加一层硬皮，就成了一个本。用本子工作，可以采取坐姿，使小腿得到休息。有这样一种知己做伴，我每晚坐到桌灯罩下，一直全神贯注地工作到深夜一点多钟，思维的打铁作坊自始至终保持着活力，遇到解不开的难题就放到这作坊里软化，锤锻。

我工作用的桌子比大手帕大不到哪儿去，右边摆着花一苏钱买的一瓶墨水，左边摆着打开的笔记本，中间余下的空地刚好够用蘸水笔写东西。我喜欢这件小家具，它是我新婚不久和妻子购置第一批家当时买的。这小桌的好处是可以随意移动，阴天时放在窗前；阳光太晃眼就搬到光线柔和的某

个角落；到了冬天，还可以靠在燃着一段粗树根的火炉旁。

可怜的核桃木小桌，半个世纪，甚至不止半个世纪过去了，我一直忠实地和你在一起。如今你的脸上已留下墨水的斑斑污迹和小刀的道道伤痕。然而你却依然像过去支持我解方程一样在支持我写散文。服务性质虽变，你却始终未变；你那耐心的背板，对代数公式和思想模式统统采取欢迎态度。我的心可没有你那么平静：我感到，尽管已经不再操劳，但心境还是无法清闲下来；比起求索方程根来，捕捉思想念头对大脑的刺激竟更加残酷。

假如你能看我一眼，亲爱的伴侣，看到这一头银灰长发，你大概会不认识我的：啊，以前那张焕发着热情、映现着希望的脸，那副美好的面容，哪里去了？我已经老得不像样子。再看看你自己，当初从家具商的家来到我这里，你多么光亮，多么细滑，上光蜡打得光彩照人！可那以后，你被毁成什么样啦。和你的主人一样，你脸上也出现了褶子，当然得承认，这些褶子一般都是我的杰作。的确，不知多少回，笔尖里的墨水变成了稠浆，无法写出合体的字迹，我就用那蘸水笔的金属尖在你脸上犁沟沟儿！

你的一个桌角已经裂口，桌面板开始松散。我时而听见，那种专爱开发旧家具的虫子窃蠹，在桌板层内发出推小刨子的动静。年复一年，里面不断挖出新的坑道，瓦解着你的结实性。年头既久的洞道，在桌面上张开一个个小圆口，打起哈欠。一位外来户钻进这些小孔，据为己有，成了它得来全不费功夫的天赐良宅。我眼睁睁看见这斗胆包天的家伙，趁我正在写字的工夫快步从我肘下溜过，一眨眼便钻进了窃蠹遗弃的坑道。它是一身黑装、身材细瘦的野味收集贩，为自己的幼虫积攒了一筐蚜虫。呵，我的老桌子，一群居民正在你肋下干着剥削你的勾当；我则是在一窝咕咕容容的虫子上写作。对我写作昆虫学忆札提供最得力支持的，非你莫属。

以后主人不在了，你将变成什么样呢？一旦有人争抢我这些菲薄的遗物，你会不会以二十苏的价钱被拍卖掉？你会不会变成厨房洗碗池旁一副放水罐的支架？你会不会被当作拾掇白菜的小案板？家人们是否不会这样？如果不这样，那末他们会说："咱们留着那件珍贵的遗物吧。他就是趴在那上面，受尽了煎熬，既使自己获得教益，又使自己成了有能力让别人也得到教益的人。那么漫长的岁月，他都是在那上面耗心费神，煎熬脑汁，为后代换来一口口食儿。咱们就留下那块神圣的木板吧！"

真不敢相信以后能有这样的好事。哦，我的老知己，你一定会落到那种人手里，那种根本不理会你历史如何的人。你一定会变成床头桌，上面压上好多碗药汤。很可能，当你身子骨衰老之时，腿瘸了，腰也折了，于是被大卸八块，丢在土豆锅下，成为添把火用的干柴。你将化作一团青烟，在另一团青烟中与我相会。那另一团青烟，既是我毕生劳作的成果，也是被人彻底忘怀的标志。然而，不复存在，这正是你我忙碌一场之后得到的最好休息。

不谈这些，我的桌子，还是重温我们的年轻时代吧，那个你打着上光蜡的时代，那个我绘着快乐图形的时代。星期天休息日，倒成了没完没了工作的日子，因为这一天不会有学校事务干扰。不过，我真的更喜欢星期四，因为那一天虽不放假，却能让人不提起学习。星期四，大家需要把心用来忙圣体节的事，因此，我这一天都很清闲。我们要最大限度地利用这难得的轻松日子。算一算，唔，这好日子一年里有五十二天，加起来差不多够一个暑假了。

记得有一天，要攻克一个尖端课题，即开普勒的三定律。如果通过计算来验证它们，就可以让我认识到天体运动的基本力学原理。第一条定律是这样说的：一个行星的向径光线扫过的面积，与时间的流逝成正比。那末我应该据此作出这样的推断，即，维持行星轨道运动的力，是被引向太阳的。经微积分方程稍一鼓动，公式已经出来说话了。我的精力越发集中，思维快速运转，以求从光芒四射的公式中随时抓住脱颖而出的真谛。

突然，远处传来咚哒哒咚、咚哒哒咚的响声！声音越来越近，越来越震。真是我们的灾难！那家"中国木屋"尽害人！

事情是这样的。我住在市郊，位于拜尔讷市公路的一个入口处，远离城市的喧嚣。却不料就在前不久，我们住宅对面十步开外的地方，建起一个门面上写着"中国木屋"几个大字的舞场咖啡馆。一到星期天下午，附近农庄的姑娘小伙儿们，便跑到那儿跳四组舞，扭蹦起来就没个完。咖啡馆的经营者还有高招儿，每当主日这一天的蹦跳快散场时，就组织一次实物奖摇彩，借此招徕顾客，促销那些清凉饮料。

摇彩前两个小时，他就让人举着各等中彩奖额的实物，在有行人散步的地方巡回招摇，走在奖额牌前边的是短笛、小鼓乐队。一位腰缠绒线红带的壮小伙子擎着长竿，竿身裹着彩带，竿梢晃来晃去地挂着镶银平底杯、里昂细绸布、双枝蜡台和几包雪茄。彩奖如此诱人，有谁会不进小咖啡馆的门呢？

"咚哒哒咚，咚哒哒咚，咚咚哒哒哒咚！"摇彩宣传队好大动静。他们来到我的窗前，然后往右一拐，一条条身影都不见了：他们进了那座临时凑合搭起的大木板房，板房只有外壁装饰了一圈黄杨木。此时此刻，如果你怕噪音，不如一躲了之，而且躲得远远的。圆管"呜呜"，短笛"嘟嘟"，活塞号"噗噗"，阵阵声浪将一直持续到天完全黑下来才平息。那末你索性就听着这种卡菲尔人②乐队的演奏声，继续求证开普勒定律吧！谈何容易，我非得神经病不可！趁早，咱还是挪挪窝儿吧。

我知道，离这儿两公里有一片多石荒地，是块鹡鸰鸟和蝗虫喜欢的地方，那里非常安静，而且有几处栎树丛。尽管树丛很小气，不肯给人遮阳，但总可以借给我这样的人几尺树荫。我拿上一本书、一摞儿纸和一枝铅笔，情愿

② 卡菲尔人：非洲东南沿海一带的居民。

到那儿去孤独寂寞地度时光。啊！一点儿嘈声都没有了，好一个安静环境！只是躲在枝短叶疏的树丛下，感到阳光仍然燥热灼人。加油干哪，小伙子！让蓝翅蝗虫陪着你开掘那些开普勒定律吧。到了回家那一天，你的数据计算出来了，皮肤也烤焦了。有关面积的定律搞清了，后脖子上那片面积也就得上日射病了。此乃有得有失。

星期一到星期六这些天中，星期四属于我，此外的每天晚上只可以用来连续作战，埋头学习，直到太阳出来把我整垮才罢休。总而言之，尽管必须为学校尽心效力，但时间还是不缺的。最关键的问题是，一开头就遇上不可避免的费解难题时，切不可自暴自弃。我自得其乐地闯入这片辨不清方向的密林，林中处处爬满青藤，必须抢起板斧砍掉它们，才能透出一线光亮。有时几个圈子兜下来，很幸运，我仍能找到思路。然而，我还会迷路的。板斧虽然顽强不息地劈荆斩棘，但也并不总能获得足够的光亮。

书本就是书本。换句话说，它是一种一成不变的简洁文本。书本凝聚着高深学问，这一点我承认。然而不能讳言，书本中也有许多无从读懂的地方。作者兴许是为自己而写了书本。似乎他所明白的地方，别人就理所当然应该明白。可怜的初学者，静下心来靠自己吧，以你的能力自悟迷津。

你不要指望，以其他形式出现过的困难还会再出现在你面前。沿着环线转过来又转回去，绝不可能削减道路的艰险，找到什么顺畅的出路。任何辅助性的洞孔，都不会透进多少阳光。用说话这种灵活方式，可以不断变换攻坚方法，重新着手解决问题；可以做到踏遍各种各样小道，达到通向光明的目的。书本则比不上说话。书本只能说出它所说到的，一字一意也不会多说。

书本里的内容讲完了，你明白也好，不明白也好，写书的权威他一言不发，真可谓千呼万唤不出来。你只好再回过头去读书，顽强地思索，一遍又一遍地用大脑梭子去织那张计算网。然而花多大气力也没有用，还是两眼一摸黑。要给人以豁然开朗的光明，通常需要做的是什么？什么都不用多做，只要简简单单一句话就够。然而这句话，恰恰是书本所不说的。

　　有先生指点的人是非常幸运的！他不知在前进道路上还有心烦意乱、被迫停步的苦衷。我却不然，不定什么时候就会冒出一堵墙，死死挡住去路。面对这种挫

人锐气的壁障，如何是好呢？我那时所遵循的，是达朗贝尔教导年轻数学家们的一句格言。大几何学家他是这样说的："坚定信念，一往直前"。

信念我当时就有，而且我是勇往直前的。然而我要应付很多难题，因为我站在墙前要寻找的光明，往往最后都是在墙后才找到的。我并不急于认识排除障碍的难度，而是先跳向一旁，摘取可以爆破这障碍的炸药。炸药起初只是毫无威力的颗粒，但这小圆粒滚动起来便越来越大。随着不断从一条定理的坡面滚到另一条定理的坡面，小球球滚成了大坨坨；炸药坨子再变成威力巨大的炮弹；大炮弹调过头来射向一开始暂时未动的挡路墙。到头来，暗墙一定会被炸开，亮光随即会大束大片地涌泄过来。有了这套苦功夫，智能一定会获得强大的威力。

我的小桌陪伴着我，度过了十二个月冥思苦想的日日夜夜。一年的艰辛没有白废，让我终于得到了数学学士的学位。这样，我便具备了半个世纪之后胜任一项工作的能力。这工作，就是测量蛛网的工作。蛛网测量员可是个好差事，由他负责的种种工作都是大有油水可捞的呀。

[原著第9卷《数学忆事·我的小桌》一文全译]

光辉范例 巴斯德

GUANGHUIFANLI
BASIDE

无知反而可能受益；远离熟路也许会有新发现。当今一位声望很高的名师，曾经对我这样说过。那时候，他根本没指望什么现成的教科书知识。有一天，在我毫无准备时，巴斯德①敲响我的房门，就是当时很快要名声大振的巴斯德其人。我那时已经知道他的名字。我曾读过这位学者就酒石酸不对称结构所做的出色研究，还以极其浓厚的兴趣，长期关注过他对纤毛虫纲生殖问题的研究。

每个时代，都在科学上有自己的奇思异想。我们今天关注的是变形论；而那个时代，人们所钻研的是自生论。凭借自己那些可以人为决定其有菌无菌的烧瓶，依据自己那些严谨而简洁的绝妙试验，巴斯德让一条无理狂论永远地破灭了。那狂论断言，腐败物内部的某种冲突性化学反应，可以激发出生命。

那个有争议的问题被巴斯德如此成功地澄清，此事我早有耳闻，所以那天我抱着极大热情，欢迎名声赫赫的到访者。学者来访，首要目的是向我请教几个问题。我能有这意外的荣誉，当归功于我的身份。即，物理、化学界的一位同行。呵！我只不过是他的一位不足挂齿的无名同行罢了。

---

① 巴斯德：化学家，法国微生物学的奠基人，重视科学实验，不受旧说束缚，生前做出一系列开创性贡献。

巴斯德此番巡视阿维尼翁地区，为的是了解养蚕业的情况。几年来，各蚕场惶恐不安，由于遭受了一些前所未见的灾害，养蚕业呈现出一派凋敝景象。不知什么原因，蚕虫溃烂，腐败，继而硬变，最后都成了包着一层石膏外壳的蚕仁硬皮豆。农民都惊呆了，眼看着自己的一项主要收成，就这样付诸东流。他们投入大量心血和钱财，但最后还是把整屋子的蚕倾倒在肥料堆上。

我们以正在蔓延的灾害为话题，做了一番交谈。谈话开门见山：

"我想看看蚕茧。"来访者说道，"我还从来没见过这东西，只知其名。您能不能给我搞到？"

"太好办了。我的房东正好在做蚕茧交易，他就住在隔壁。请稍候片刻，我这就把您要的东西拿来。"

没走几步，就到了邻居家。我往衣兜里装满蚕茧。返回后，把蚕茧拿给学者看。他拿起一个，在手指间翻转过来，又翻转过去。他观察着，那好奇的神态，就像我们观察从世界另一半球搞来的珍奇物品。然后，他把蚕茧举在耳边摇了摇。

"有响动。"他说，"里面有什么东西。"

"是的。"

"是什么？"

"是蛹。"

"什么，蛹？"

"噢，那东西就像一种木乃伊，蚕虫变成蛾之前，就是在那里经历变形的。"

"所有蚕茧里都有这么个东西吗？"

"当然喽，蚕吐丝织茧，就是要保护蛹。"

"啊！"

他没再多说什么，蚕茧塞进了自己的衣兜。这以后，他将利用空闲时间，向这种重要的新生事物——蚕蛹讨教。他表现出的非凡自信，令我惊诧不已。他对蚕、茧、蛹、变形这些情况一无所知，然而却来为蚕虫谋新生。古代的体育教头们，格斗时是一丝不挂的。专门与养蚕业各种灾害作斗争的这位"吉尼亚尔"②，奔赴灭灾战场时，也可以说是"一丝不挂"，因为他对需要从灾祸中解救出来的昆虫，连最起码的概念都没有。巴斯德令我震惊，确切地说，他令我赞叹不已。

再往下，我不感到惊异了。巴斯德转而关心到另一个问题，就是通过加温来改善酒质的问题。他突然提起这话题：

"让我看看您的酒窖吧。"

我的酒窖，那是属于一个清贫者的酒窖。我拿着教师那微薄的薪水，支付不起几口酒钱。前不久将一把红糖和一些苹果丝放进一只坛子里发酵，用这样的方法，给自己酿制一种带酸味的劣等酒！我的酒窖！要看我的酒窖！为什么不看我的酒桶，不看我的标明年代和产地，积满灰尘的陈年酒瓶！他一定要看我的酒窖！

我感到莫名其妙，想回避他的要求，于是变换一下交谈的话题。然而他那里却紧逼不舍：

"让我看看您的酒窖，我请求您。"

对如此坚决的请求，你是没有办法回绝的。我指给他看厨房角落里的一把没有椅垫的椅子，那上面摆着一只容量十二升左右的大肚坛。

"我的酒窖，那就是，先生。"

"您的酒窖，就是这个?"

"我没有别的了。"

---

② 吉尼亚尔：希腊神话中的农牧神，肩负着消灭农业灾害的重任。

"全都在这儿了？"

"毫无办法！是的，全都在这儿了。"

"啊！"

他没再说什么。学者没有发表任何见解。看得出，巴斯德并不知道，里面现在盛着的，是老百姓称之为"烈性母牛"的一种佐料甚足的菜肴。无疑，关于利用加热来抑制发酵素的问题，我的酒窖，也就是旧椅子加上拍起来空洞有声的大肚坛，它是无可奉告的。不过，它倒是雄辩地论说着另一件事情，而我这赫赫有名的来访者显然没有听懂。一种微生物逃过了他的眼睛，而且是最可怕微生物的一种，那就是：扼杀人们坚强意志的"厄运"。

尽管酒窖的插曲叫人心里不很舒服，但是巴斯德那清醒自信却令我禁不住感慨万千。他并不了解昆虫的变形是怎么回事；他刚才是有生以来第一次看到蚕茧，得知里面有个东西，那是未来蚕蛾的虫坯；我们南方乡村小学一年级孩

子都懂的事，他却一窍不通。然而正是这位初学者，不久之后便彻底改变了养蚕场的卫生状况，继而又彻底改变了医药和环境卫生的状况。

他的武器就是思路，是舍弃枝节、立足总体的思路。变形、眠虫、蚕茧、蛹壳、蛹虫等，以及举不胜举的昆虫学细微隐秘，这一切都对他无足轻重！解决他的问题，以不知道这一切为好。思路这东西，能更好地保持独立头脑和大胆起飞精神，让行动更为自由，冲出已知世界的边线。

巴斯德用惊奇万分的耳朵听着蚕茧的响动，这举动本身就是一种光辉范例。受这一范例的鼓舞，我已经在自己的昆虫学研究工作中，将无知法当作一条必循的规律。我很少去翻书。与其去翻书本，采用这种我无力承受的高消费方法，与其向他人讨教，还不如持之以恒地和我的研究对象单独待在一起，直到能让它最终开口说话。我什么也不知道，可这有多好，只会使我对虫子的提问更为自由。我可以根据获得的启发，今天按一条思路了解情况，明天按相反的思路了解情况。如果偶尔我去翻翻书，那是我在设法为自己的头脑清理出一块为怀疑敞开的空地，因为此时，疯长的杂草和浓密的荆棘已经封严了我赖以耕耘的土地。

[原著第9卷《朗格多克蝎的家庭》一文节译]

登旺杜峰

旺杜峰孑然独立，前后左右全暴露在大气变化的影响之下；旺杜峰高耸云端，形成法国南部境内阿尔卑斯山脉和比利牛斯山脉的制高点。这座普罗旺斯的秃峰，一目了然地静候在那里，随时准备供人们进行不同气候带植物分布的研究。山脚下，长着茂盛的惧寒橄榄树，以及百里香一类靠地中海沿岸阳光制造芬芳的半木本植物；山顶上，一年里半年是皑皑白雪，表层土壤上覆盖着其中部分品种来源于北极的名目繁多的极地区系植物。只要花半天时间完成一次登山的垂直运动，那末，沿同一经线由南而北长途旅行才能领略到的各类主要植物，便可尽收眼底了。出发时，你脚下踩着的是气味芬芳的百里香丛，它们一片接着一片，酷似铺在一串串小圆丘上的地毯；数小时后，你的脚将踏在由对生叶虎耳草絮成的黑糊糊的垫子上，那是每年七月植物学家登上斯匹次卑尔根群岛①时能首先见到的植物。你刚才在山脚下的树篱笆里采到石榴树上鲜红的小花，那是喜欢非洲晴空的植物；等到了山顶，你将能摘到一只毛茸茸的小罂粟，那植物的茎躲在一层碎石块下，而硕大的黄色花冠却像暴露在格陵兰和北角的冰地表面一般，在旺杜峰的顶坡上露着孤零零的艳丽身影。

这一幕幕反差鲜明的景致，总是能令人产生新鲜感。因此，虽然我已经二

---

① 斯匹次卑尔根群岛：北冰洋上的一片岛屿。

十五次登上旺杜峰了，却仍没有丝毫的厌倦。一八六五年的八月，我着手进行第二十三次登峰活动。那一次，我们一行八人，其中三位想考察植物，其余五位的兴致是在爬山健步和登高远眺上。当时有五位同伴是外国人，都搞植物研究。可自那以后，他们当中竟没有一位表示想再陪我来第二次。的确，这种远足十分艰辛，为观看一次日出而好多天恢复不了疲劳，得不偿失。

可以这么打个比方，旺杜峰就像一大堆养护公路用的碎石。你迅速堆起高度为两公里的大碎石堆，把基础部分规整得匀称些，在白色的石灰岩体表面甩上表示树林的墨色斑点，于是你就会得到这样一座山峰的清晰的总体印象了。这座碎物堆成的山体，时而由点点光耀的砾石组成，时而是大块大块的岩石结构，再往上便是一片没有缓冲坡面和过渡阶梯而忽然出现的小平原。这种大平台构成整个路程的一个间歇路段，可以使登山活动的强度有所缓解。下一段路程开始后，先是多石的小道，其中最好的路面，也比不上人们新铺的碎石路。再往后，路越来越难走，一直到爬上海拔1912米高的顶巅。鲜嫩的草地，快活的溪流，苔衣青石和百年大树浓荫，给其他山峦增添无穷魅力的这一切，在旺杜峰这里一点儿也看不见。这石头山有的只是无穷无尽的岩层。人们脚下踩碎石灰层岩，随着近乎金属物质撞碰的声响，滑下一串接一串的石片。旺杜峰的瀑布，是碎石瀑布；旺杜峰间响动着的，不是潺潺流水，而是窸窣中加杂着呼啦声流泻的流石。

我们来到紧贴旺杜峰山脚的一个地方，此地名叫贝杜安。与向导的切磋结束了，出发的时刻说定了，随身带什么食品商量好了，装备也办妥了。差不多就躺下吧，咱们得设法睡着，因为明天要在山上度过一个不眠之夜。要睡觉，这可真是个难题，我从来都没有在这儿睡成过。可以说，导致疲劳的最大原因尽在于此。愿意奉劝我的读者一句：如果你们当中有人想攀登旺杜峰，见识见识那里的植物，那么可千万别在星期天晚上到贝杜安来夜宿。这样，你们就能躲过这身影挤来钻去的嘈杂场面，躲过这没完没了的大嗓门交谈，躲过弹子球室里持续不断的硬球撞击声，还可以幸免听到举杯相碰的叮叮当当，酒后哼小调的咿咿呀呀，过往行人拉小夜曲的吱吱嘎嘎，隔壁舞厅铜管乐器的呜呜哇哇，以及这个以不用干活儿、尽情狂欢为正当活动的日子所必然招致的种种磨难。那末试问，接下去的一周里，您难道不是能得到很好的休息吗？我希望能；但我此时不回答这个问题。反正我是一夜没合上眼。为我们准备食品的锈烤肉叉，整整转了一夜，在我睡觉的房间底下不断发出呻吟。我和那架该死的机器之间，仅有一板之隔。

就这样，天色已经发白。一头驴在窗前大声号叫。到点了，大家起吧。哈哈，这和没躺下一样。填肚子时要用的食品袋和装旅途用品的行李囊，驮上牲口；向导口中"驾驾"、"吁吁"地吆喝着；我们出发了。此时是清晨四点钟。特利布莱牵着骡子和驴，走在旅行队的前头，他就是旺杜峰向导中那位最年长的特利布莱老兄。我那几位研究植物的同事，眼睛左顾右盼，借着黎明时分刚刚出现的亮光，仔细察看道路两侧的草木植被。其他人边走边谈。我跟在队尾，肩头挂着气压计，手中拿着笔记本和铅笔。

谁知没过多久，我那本来供记录各个植物点海拔高度用的气压计，竟变成了大家一遍又一遍亲抱朗姆酒壶的由头。只要一发现某种独特的植物，就听到一个人喊起来："快看气压计。"随着喊声，大家立即围住的是朗姆酒壶。至于我挂在身上的大气物理学仪器嘛，喝口酒之后才看。清晨寒凉，登山路长，大家格外喜欢这样看气压计，结果，活血强神的液体比水银柱下降的速度还快。考虑到不能只顾眼前，我不得不减少了察看这只托里拆利②玻璃管的次数。

气温越来越低，感觉越来越冷，刚才的树种已渐渐消失。最早不见了的是橄榄树和绿圣栎；接下去是葡萄树和扁桃树；再往上，桑树、核桃树和白橡树也先后没了踪影。黄杨树变得多起来。我们开始进入了从植物种植区上线到山毛榉生长区下线的一个植种单调的海拔高度段，这一区域几乎是清一色的山地风轮菜。当地人把这种植物叫作"培布雷达泽"，意思是"驴胡椒"，因为它的小枝叶浸上香精油后，会产生一种辛辣气味。有的小奶酪也撒上这种味道很冲的佐料粉，我们所带的食品就有这样的奶酪。不只一人，已经用心中的念头划开那些奶酪的外皮层了；不只一人，眼睛开始往驮在骡背上的囊袋那儿溜。经过大清早的艰苦操练，胃口开了。唔，比胃口来得迫切，是产生想大口吞食的

---

② 托里拆利：伽利略的学生，气压计的发明者。

饥饿感了，贺拉斯把这种感觉称为 latran tem stomachum③。

我教给同事们一个方法，让大家在下一次歇脚之前的这段时间里，暂时糊弄一下饥肠。我指给他们看碎石地面上一棵生着箭头形叶子的矮小酸味植物，它的学名叫"盾牌酸模"。接着，我做示范，摘一把盾牌酸模，塞了满满一嘴。乍一听我的提议，大家感到好笑。我置之不理，让他们笑。没过多久，他们已忙得不可开交，都在那儿争先恐后地抢摘山珍酸模。

嘴中嚼着酸味叶，不觉间到了山毛榉生长区。开始时，看见一些互相拉开很大距离的丛生山毛榉，株体舒展开来，枝条拖在地面上；过了一会儿，出现小矮树，一棵挨一棵地挤在一起；再往后，才看到那些树干粗大的乔本山毛榉，它们连成大片茂密幽深的树林，根脚下都踩着层层片片的石灰岩。冬天里积雪重压，整年受强劲的密斯特拉风④猛吹，许多山毛榉的树枝已落得精光，剩下的只是歪歪扭扭的奇形怪状了，其中一部分甚至躺倒在地上。穿越这片远远望去宛若旺杜峰黑色腰带的山林，花了一个多小时的时间。再往前，山毛榉都是一丛一簇的，变得稀疏起来。我们爬到山毛榉生长区的上线，终于喘了口气。虽然嘴里已经有了酸味叶，大家还是得找处歇脚点，准备用午餐。

歇脚点是个名叫格拉夫泉的地方。地下冒出的涓涓细流，经过由一段段山毛榉长树干首尾相接连成的引水槽，在这里积成浅浅的泉水洼。山中牧羊人，常把畜群赶到这里饮水。山泉水温为7度，我们这些刚从酷暑平原大火炉出来的人，难以想象会有这么凉的水。地面就像一块由阿尔卑斯山植物编织成的锦毯。锦毯图案中格外鲜艳的，是叶片形状酷似欧百里香叶片的指甲草，那一组组薄薄的宽阔苞片就像用银片做成的。我们的大桌布，铺在这美丽的锦毯

③ 此为拉丁文，意思是：肚子叫唤。说此话的贺拉斯是古罗马的著名诗人。
④ 密斯特拉风：法国南部陆地至地中海海面一带干冷强烈的西北风和北风。

上。食品从囊袋中搜出来，饮料瓶从草窝里翻出来。这边放一些压得住餐布的重物，也就是塞了大蒜的整羊腿肉和几条面包；那边摆上两只淡味整鸡，可以在吃到饿劲儿一过的时候用来磨牙；旁边，在一个可以算上座的地方，摆的是加了山地风轮菜佐料的旺杜峰山区乳酪，也就是那种培布雷达泽乳酪；紧挨乳酪，摆的是敦实的阿尔灌肠，粉红的细肉泥中夹杂着肥肉丁和整胡椒粒；找块空地儿，摆上汤水晶莹的咸腌绿橄榄和油浸黑橄榄；再找块地儿，摆上卡瓦雍甜瓜，其中有白瓤的，也有黄瓤的，为的是满足每个人的不同口味；有一处席位上摆放了瓶装鲱鱼，这是为一心想喝酒壮腿力的人准备的；最后是那些饮料瓶，它们被按进木槽，用冰凉的泉水镇上。我们是不是什么都想到了？唔，不，我们忘带餐后消食的头号"水果"——葱头了，那东西直接蘸着盐吃就行。我们当中有两位巴黎人，是我的植物学同行。他们先惊讶得目瞪口呆，感到这顿午餐太丰盛了；接下来又发出赞不绝口的一串感叹。一切就绪，好，开饭！

一次荷马史诗般的进餐开始了。一生中难得几餐如此豪迈，每赶上一次都具有里程碑般的划时代意味。头几口，大家吃得发了疯似的。羊腿肉撕下一块，大面包拧下一块，一块接一块，不带间歇地捅进嘴里，几乎有噎死的危险。彼此谁也不说话，眼睛打量着尚未消灭的食物，目光看得出在发愁，心中听得见在嘀咕：照这吃法，今晚和明天还够吗？不过还好，让人心中发慌的饥饿感缓解了，在座者开始偷偷打起翻着食渣的饱嗝儿。现在，大家边吃边聊，顾虑明日的心思打消了，话题转向制订这套野游食谱的人。你一言我一语都是公道话，说他有预见性，知道大家会饿，吃起来肯定凶，所以切实做到了有备无患。接下来，大家开始以品味师的口吻品评美味。一位伙伴不断用刀尖扎起橄榄，满口称好；另一位对瓶装鲱鱼大加赞扬，手下正垫着面包切割黄褐色的小鱼；那一位兴奋不已，翻来覆去地说着灌肠；而大家异口同声所称道的，正是那些大不过掌心的培布雷达泽乳酪。说话间，烟斗、雪茄冒出烟来，抽两口顺势一仰，脸朝天躺在草地上，暖烘烘的太阳正好晒着肚皮。

　　休息一个小时了，好啦，起来吧！时间紧迫，得往前赶哟。向导要带着行囊先走一步，沿树林边缘往西去，那边有一条牲口可以通行的小道。他将在海拔约1550米处等候我们，那里仍是山毛榉生长区的上线，会合地点在一个叫"羊圈"的地方，也有人直呼它"建筑物"。所谓羊圈，是一座用山石垒成的带顶大房屋，我们大家，包括牲口和人，都要在那里遮身过夜。向导出发后，我们照直往上爬，先抵达峰脊，沿峰脊登顶能少花些力气。太阳落山后，我们将从峰顶下到羊圈，向导肯定提前好几个时辰就守候在那里了。这就是大家提出并一致认同的方案。

　　我们登上了峰顶。向南望去，是一条倾斜度略小的缓坡，一眼望不到尽头，我们刚

才就是顺着这长长的山坡走过来的。俯视北坡，一幅触目惊心的画面，忽而是直上直下的绝壁，忽儿是令人毛骨悚然的陡峭阶梯，简直就像一堵高达一公里半的大悬崖。只要一块石头投下去，它就再也停不下来，滚着蹦着地一直跌入谷底。谷底就像一条清晰醒目的布带，那便是图鲁朗克河的河床。我的旅伴们在推摇一块大岩石，待松动后把它用力翻下山去，然后盯着它声势骇人地滚下深渊。这时候，我却在一块大石片下发现一伙昆虫学的老相识，它们是立翅泥蜂。以前，我在平原地区的道边坡坎上见到这种泥蜂，都是一只只单独趴在那里的。可是这里，在几乎处于旺杜峰顶端的地方，这种昆虫却数百只聚集在一起，挤在同一个栖驻点上。

　　我正要开始研究这种大量聚居的原因，南风刮起来了。早上，曾刮过一阵南风，当时我们就很担心。这会儿的南风，忽然向这边推来一团团顷刻间即可化作大雨的乌云。在我们注意到这些乌云之前，先是重重水汽形成的浓雾笼罩住我们，眼前只能看两步远。天气变化来得真不凑巧，我们当中的一个人，我十分要好的朋友德拉古尔，刚才离开了大家，去寻找这一海拔高度上生长的一种珍奇植物——岩石大戟。我们用双手空握成喇叭筒，憋足气同时发出呼喊。没有回音。我们的喊声消逝在大团大团的迷雾中，淹没在乌云翻滚涌动的

喧嚣声中。不行，我们得找走失的伙伴，因为他根本听不见我们的喊声。身在云层遮蔽的黑暗之中，两三步外互相看不见人影。七人当中，只有我熟悉这里的地形。为了不走失一人，大家手牵着手行动，我走在这串人链的最前头。就这样，简直像玩捉迷藏似的，我们转悠了几分钟，但是一无所获。这位德拉古尔常来旺杜峰，大概一看见乌云压过来，就借着最后一线亮天，独自跑到下面的羊圈躲雨去了。咱们趁早也往羊圈去吧，大家身上都已是里外淌水了。斜纹布长裤已经紧贴在腿上，成了肉体的第二层皮。

就在这时候，一个严重的困难出现了：寻找德拉古尔时，来来去去，往往返返，我已经像被人蒙上眼睛原地推着转了多少圈一样，完全迷失了方向。老实说，我根本不清楚哪边是南坡了。我问问这位，再问问那位，回答其说不一，而且都不敢肯定。很清楚，我们当中，没一个知道哪儿是南、哪儿是北了。我从来没有，真是从来没有像此时此刻这样，认识到东南西北四个方位的价值。我们周围是看不透的陌生灰云，只觉得脚下的山坡一会儿通往一个方向，一会儿又通往另一个方向。顺哪个坡走好呢？必须选对路，才好坚定不移地大步下山。一旦失算往北坡走去，就会跌下让人看一眼都头晕的悬崖峭壁，摔得个粉身碎骨。也许连一个人也不会再活着回来。想到这里，我呆站了好几分钟，整个心像悬了起来，一时间茫然无措。

多数人说，就待在原地，等雨停了再说。其余的人表示反对，认为这主意很糟糕。我是持后一种意见者中的一个。呆在这里，确实不明智：雨可能持续很长时间，我们已淋成这样，入夜时分天一凉，我们立刻就会冻僵。我的忠实朋友贝尔纳·维尔洛，是为陪我登旺杜峰而专程从巴黎植物园赶来的，他始终一言未发，但心里坚信我能阻止大家迈出失算的一步。我把他稍微拉出半步，以免引起别人注意会加剧悲观情绪。然后，我向他吐露所担忧的可怕问题。我们俩进行了一次密谈，想用思维的罗盘代替没有带在身上的磁针。他问："乌云上来时，是从南面来的吧？"我说："毫无疑问是从南面来的。""就算那会儿风特别小，但雨肯定是由南向北略微倾斜落下吧？""正是这样，我当时还清楚方向，注意到了这一点。我们不是可以由此辨别出方向来吗？对呀，朝雨点飞来的方向下山。""我刚才也这么想过，可现在，我觉得还不够有把握。现在风力太弱，无法让雨点保持在一个方向上。可能现在刮的是旋转风，乌云包住山顶时，风是打转的。没有证据让人确信，起初的风向没有改变，现在的风仍不是从北面刮来的。""我同意您的疑虑。那该如何是好呢？""如何是好，啊，这下可难办了。我倒有个想法：如果风向没有改变，那么我们的左侧就该特别湿，因为在还能辨别出方向那会儿，我们的左侧是直接挨淋的。如果风向有变，那么我们身上前后左右会湿得差不多。还有什么可考虑的，下决心吧。可以了吧？""可以了。""不是我搞错了吧？""您说得不会错。"

只消三言两语，同事们就心有灵犀一点通了。每个人都在自己身上摸索起来，当然，不是摸外衣，外衣还不能说明问题，而是摸最贴身的衣服。结果令我感到一种说不出的欣慰，大家异口同声地汇报说，左侧比右侧湿得厉害。嗯，风向没有改变。这下可好了，我们迎着雨走。人链重新衔接起来，我打头，维尔洛断后，力求不使一个人落在后面。就在大步下山之前，我最后又对我的好友说："就这么着了，咱们冒一回险吧？""冒一回，我跟您走。"我们不管三七二十一，一头扎进令人心里打鼓的陌生境地。

坡陡路滑，腿脚收都收不住。就这样还没迈出二十步，对危险的担忧便烟消云散了。脚下踩踏的不是悬空深渊，分明是我们所巴望的土地，是掺杂着碎石的土壤。我们踩过哪里，身后都跟着哗啦声，塌滑的碎石滚成一道碎石流。碎石咔咔啦啦响成一串，证明地面是坚硬的，大家仿佛正听到一种神妙的音乐。只用了几分钟，我们下到山毛榉区的上线。这里比山顶一带还黑暗，要想看准下脚的位置，必须弯下身去仔细观察才行。能见度这样差，怎么能找到坐落在密林之中的羊圈呢？这时候，我发现了两种植物，一种是善昂利藜，另一种是雌雄异株的荨麻，它们都是在有人出没的地方顽强生存的植物，因此为我提供了线索。我一边行进，一边挥动没有牵扯的那只手探摸。噢，扎了一下，这是株荨麻。嗯，这就是路标。担当后卫的维尔洛，也在一丝不苟地尽职尽责，每当手被火辣辣扎痛一下，他就赶紧探过头去核实是不是荨麻。其他旅伴们，都对我们这样的探路方法表示怀疑。他们议论纷纷，希望一鼓作气往下溜，必要的话，干脆一直下到山脚的贝杜安了事。维尔洛是个植物通，他相信自己的植物学嗅觉，所以站在我这一方说话，同意坚持这样探路，并安慰那几位心里最慌乱的伙伴。他告诉他们，用手摸索着野草，就可能探出正路，周围再黑也能走到宿营地。大家听进了我们的道理。没过很久，我们的登山队摸着一丛一丛的荨麻，终于找到了羊圈。

德拉古尔真的就在那里，守着行囊的向导也在，他们是在这石头棚圈里避的雨。燃起一堆蹿着火苗的壮火，换上带在身边的干衣裳，气氛很快又快活起来。从旁边山沟里取来一大团雪，装进布袋，吊在火旁。一只瓶子戳在雪袋底下，接收融雪化成的水。吃晚饭时，这就是我们的清泉。当夜，我们是在一层山毛榉叶的铺垫上度过的，前人已经用身体把粗硬的干叶碾得相当细碎舒适。不用说，来过这里的人真不少。无人知道这褥子有多少年没翻新了，如今已经变成腐殖质层！我们当中睡不着的人，整夜在那里坚守看管火堆的岗位。不愁没人动手拨弄火，因为整个石棚只有一处塌漏的瓦顶可以走烟，火若着得不好，室内会烬满能熏透鲱鱼的浓烟。想吸几口能吸的空气，着实不易，非到最底层空间去找不可，鼻子贴着地面才行。于是，人们咳嗽，发牢骚，拨火……到头来，还是睡不着。从凌晨两点开始，所有的人都站起身，走出门，重新往那圆锥体顶上爬，到那里去帮助太阳升起来。雨早停了，星星挂满晴空，预示着是个艳阳天。这段山路爬得人心发慌，好不难受，原因是身体疲倦，而且空气稀薄。气压计降至140毫米。我们呼吸到的空气，密度减少了五分之一，依此推断，氧气含量自然比正常条件下少了五分之一。身体状态良好时，这种微小的大气变化觉不出来。可现在不同，人们折腾了一天，又一夜没睡，气压的变化自然令人感到明显不舒服。大家缓缓攀登，脚脖子吱嘎作声，呼吸断断续续。不只一人已是十步一喘，二十步一站了。终于，你总算爬上了峰顶。大家躲在嶙峋立石构成的十字架形山峰顶帽下，在那里好好喘几口气，双手抱起酒壶来抵御晨寒。这一回，朗姆酒的水平面，一下子降到了壶腰以下。工夫不大，太阳升起来了。旺杜峰的长三角造影，一直投到地平线上。山影的两条侧边，因阳光衍射作用而呈现着插向遥远焦点的紫气。山南和山西，延展开去的是蒙着晨霭的平原。太阳只要再升高一些，我们就会清清楚楚地看见那条宛如银线的罗讷河。山北和山东，漫无边际的厚云层被踩在脚下，就像白棉团组成的大海，海面上冒出矮山顶构成的一座座黑色岛屿。几处留着冰线的峰巅，沿阿尔卑斯山一线交相辉映。

唔，植物在呼唤我们，叫我们别忘记它们。好吧，咱们暂时放弃远处那令人神往的景观吧。这次登山是八月，多少晚了点儿，许多植物的花季已经过去。你想采集到大量丰富的植物标本吗？那么请在七月的上半月到这里来，特别是要赶在畜群出现在这些高海拔山地之前。要知道，绵羊叼剪过的植被区，能给你留下的东西便所剩无几了。不过，即使七月里，旺杜峰峰顶区依然不会被绵羊的牙齿碰到，那里仍旧是一片名副其实的花圃，碎石层上装点着五颜六色的鲜花。我眼前浮现出以前见过的美景：清晨，婀娜多姿的一簇簇绒毛报春花上淌着晶莹的露水，白嫩的花朵上睁着一只玫瑰红色的眼睛；瑟尼斯紫罗兰那一只只硕大的蓝色花冠，铺满白花花的石灰岩地；败酱草用自己花串的甜美芬芳与根部的粪臭气味，在空气中合成了难以名状的怪味儿；成片的心形叶球花织成密密实实的鲜绿地毯，上面点缀着一小串一小串的头状蓝花；大片大片的阿尔卑斯勿忘草，小花开得靛蓝鲜亮，那明快的色调可以和蓝天媲美；冈多尔屈曲花顶着由许多小白花组成的花头，那挺不直身的纤细茎秆插在碎石层中；对生叶虎耳草和苔状虎耳草，密密麻麻地丛生在一起，酷似暗色的草垫，其中露着紫红花冠的是对生叶虎耳草，露着洁白花冠的是苔状虎耳草。当阳光再热一些的时候，我们将会见到一种华丽的大蝴蝶，懒洋洋地从一簇鲜花飞到另一簇鲜花，乳白色的大翅膀镶着一圈墨黑的边，嵌着四个鲜艳的胭脂红圆点。人们称它为"巴那斯·阿波罗蝶"。在与常年积雪为邻的孤寂的阿尔卑斯山脉，这蝴蝶着实是雍容华贵的雅客。那些厚实的虎耳草垫，正是它的幼虫赖以生活的地方。在旺杜峰峰顶一带静候着自然学家光顾的这类有趣景致，知道个概貌就行了。走，到昨天被云团水汽包围时我所发现的石片那儿去，看看曾大群聚集在那里的立翅泥蜂们怎么样了。

[原著第 1 卷《登旺杜峰》一文全译]

丁香小教堂

我的隐居地有段丁香林道，浓荫幽深，路面开阔。五月来到了，两行树丛婀娜多姿地曲展着枝条，枝头顶着串串小花；两排树冠相互交织在一起，搭成框架相衔的拱形顶。此时的林荫道，俨然变成一座小教堂。上午，柔和的阳光斜洒进这小教堂，里面正在庆祝一年当中最美好的节日。这节庆一派安详，听不到彩旗在窗前哗啦作声，看不到火药燃成的五彩光焰，也没有大庭广众之下的酒后打骂场面。这节庆自然朴实，免却了舞场沙哑管乐的惊扰，也不必忍受人群的喧嚣。是的，为了给一位刚在三步舞中赢得一块价值四十苏的方绸头巾的舞迷叫好，那尖叫声能让你脑袋像炸开一样。你们靠爆竹与酗酒烘托的粗野欢乐，根本领略不到我们这里所享受着的庄严！

我是丁香小教堂活动的忠实参加者。我的节日致辞无法转化为言辞，它是轻缓起伏着的一种最真挚的激情。我从一根绿色的立柱走到另一根，每一次都虔诚地驻步静观。我一刻也不偷懒，每一步都是在拨动一颗观察者特有的念珠。我的祈祷，就是一声感叹：哦！

一些朝圣者赶来参加美餐，领一份春天的施舍，顺便喝上他一大口。来者当中有采花蜂，也有专门欺负它的暴君琉璃蜂，它们你一下我一下，轮流把舌头捅进同一朵花的圣水缸。抢劫者与受劫者和睦相处，一口口地呷着圣水，彼此之间没有一点儿距离。它们都平静地做着自己的事，仿佛谁也不认识谁。

壁蜂穿着黑红各半的天鹅绒外套，往腹刷上沾着花粉，然后跑到附近的芦苇秆儿里堆起面粉来。这边的是管蚜蝇，它们喜欢拼了命地嗡鸣，其翅膀像云母片一般折映着阳光。它们一口一口地已经喝醉，于是退出筵席，找一片叶子，躲在阴凉下醒酒。

那边的是胡蜂，是长须胡蜂，它们喜欢发火，动辄以剑相见。这些从不饶人的家伙路过哪里，哪里的好脾气同类就望而却步，赶紧溜到一

边去，就连人多势众的蜜蜂也不例外。蜜蜂也是动不动就爱拔出剑来的虫类，但只要它们忙着收获食物，就会采取让胡蜂三分的态度。

那些色彩斑斓、短粗身材的蝶蛾，名叫透翅蛾，它们不屑于把翅膀严严实实地糊上鳞粉。翅膀上的裸露部分就是那么一层透明的薄纱，与那些搽着粉饰的部分形成鲜明对照，不失为一种独具风韵之美。此乃以素朴衬华丽。

这飞来飞去，飞上飞下，盘旋着疯狂起舞的，是正在跳鳞翅昆虫平民芭蕾的卷心菜粉蝶，它们清一色的白衣裳，翅膀上嵌着醒目的黑眼点。大家在空中互相挑逗，互相追逐，互相捉弄。它们中不断出现跳累了华尔兹舞的伙伴，每隔一会儿就有一位落在丁香树上，把定丁香花那小尖底瓮痛饮一气。细喇叭嘴探进瓮颈在深处吸吮时，一对大翅膀轻轻并立到背后，再缓缓分开举平，而后又并立竖起。

那些数量同样很大，但由于翅膀宽阔而起飞不够迅捷的飞蝶，叫金凤蝶。它们拖着长长的凤尾，着实迷人。它们身上戴着橘黄色的绶带，装饰着湛蓝的月牙儿。

孩子们回到我这儿来了。他们看见一只金凤蝶，立刻被这天生丽质的精灵迷住了。每当孩子伸过手去，金凤蝶便躲闪着向旁边飞出几步，落到花上，继续探寻甜汁，那对翅膀和粉蝶一样开合着。如果阳光之下吸管作业正常，糖汁顺利吸上来，那么不论是哪位伙伴，只要翅膀操着轻松的开合动作，就说明它此时正心满意足。

"快捉住它！安娜！"可安娜就是不伸手，她知道，自己虽然手疾眼快，可金凤蝶从来就没等自己的小手靠近过。安娜是全家最小的一个女孩，她已经找到了更合自己情趣的虫子，那就是金匠花金龟。早上天凉，这一身金光的美丽昆虫尚未恢复活力，此时正在丁香树枝上打盹儿，既觉察不到危险，也没有能力逃跑。这种昆虫可多了，不一会儿就摘下了五、六只。我一看，赶忙制止住孩子们，请他们别再惊扰其他金匠花金龟。捕获到的虫子，被安置进一个铺着花瓣褥子的纸盒。过些时候，等天热上来后，给金匠花金龟的一只爪子拴根长长的线，它就会在一天当中气温最高的几个小时里，绕着圈在孩子头上飞行。

[原著第8卷《金匠花金龟》一文节译]

荒石园

HUANGSHIYUAN

那里是我最愿意待的地方，是我的 hoc erat in votis①：就那么一块地，哦！并不算大，然而自成一统，与公路要道上的诸般苦恼无缘；就是块偏僻的不毛之地，被太阳烤得滚烫，但却是刺茎菊科植物和膜翅目昆虫们的好去处。那里没有过往行人打扰，我可以面对面向石泥蜂、土泥蜂们做调查，专心致志地从事一种难度极大的学术探索。这其中的提问与回答，是通过一种独特言语进行的，这言语就是"实验"。那里无需消耗大量时间远距离出行，无需分心劳神艰难跋涉，我足不出户便可以通盘安排好攻坚计划，从容设下缜密的圈套，然后逐日按时地观察结果。hoc erat in votis，是的，它凝结着我的心愿，我的梦想。想得到它的意志一直揣在我心中，但每次在脑海中一冒出来，都随即化作"以后再说"的十里烟云。

何必讳言，你一个必须为每日面包之事操碎心的人，要在旷野上搞个实验室可不那么轻松从容。我四十年如一日，靠的是顽强斗志，过的是自己并不在乎的艰辛清苦日子。终于，这一天等到了，我拥有了这处实验室。至于能使人坚韧不拔，拼命工作的是什么，这里就不多说了。总而言之，我的实验室到手了。尽管它条件较差，但有了它，我的生活大概就有些许闲暇了。可以这样说，

我曾一直都好像腿上拖着苦役犯的镣铐。这一回，总算如愿以偿了。只是来得晚了点儿呀，我可爱的虫子们！我担心，到了摘桃的时候，我已经开始没有能吃桃的牙了。的确是晚了点：想当初，视野空间何其开阔；而如今，用武之地所剩无几，就像憋在低矮的阁楼里，而且穹顶还在压低，活动领域益发狭窄。肯定失去了一些东西，但我对走过的路毫无遗憾可言，也无所谓自疚，即使是我的二十年光阴。同样，我也根本不指望什么。体验了形形色色的世态炎凉，心已经支离破碎，人便会不禁自问：只为活命，吃苦是否值得？我现在的心境，即是如此。

　　我的周围是满目废墟，只有一截断壁仍立在那里岿然不动，它的根脚是由石灰沙泥筑实的基础。这断壁，正好是我对科学真理之挚爱的写照。哦，我不愧为能工巧匠的膜翅昆虫们，现在是否可以着手给你们的历史再如实追加上几页文字了？体力不会给毅力拆台吧？既然有此担心，我为什么还把你们搁置了这么长时间？这一点，有些朋友已经斥责我了。啊！你们去告诉他们吧，告诉那些既是你们的也是我的朋友：说那不是我健忘，怠惰，把你们放弃了，其实我一直惦记着你们；说我早就深信节腹泥蜂的秘洞里还有尚待向我们揭示的有趣秘密，洞泥蜂的猎食活动还有会令我们惊奇的新细节；说只是我时间不够，又单枪匹马，不被人理睬，还要对付这穷命；还可以说一句，要想高谈阔论，必须先能活命。就这样告诉他们，他们一定会原谅我。

　　也有人斥责我话语不严谨，欠郑重，说白了，就是没有学院气那种干巴劲儿。他们担忧的是，一篇文字若读着不费劲，就无法保持表达真理的功能。如果依了他们，那么就只有两眼一摸黑才算是有深刻认识的。你们过来，不管是挂螫针的还是披鞘翅的，你们都来，来为我辩护，来为我作证。请你们以我与你们共同生活时的那种亲密感情，我观察你们时的那种极大耐心，以及我记录你们行为时的那种严细精神，站出来说话。你们异口同声为我这样作证：不错，我写的那些没有满篇空洞程式和不懂装懂滥言的文稿，恰恰是在准确记述观察得到的事实，既不添加什么，也不忽略什么。若干时间以后，有谁想向你们重提这个问题，你们也要这样回答他们。

我亲爱的虫子们，一旦你们因为做不出难为人的事而说服不了那群胆大气粗的人，我还会出来说话，会告诉他们："你们是剖开虫子的肚子，我却是活着研究它们；你们把虫子当作令人恐惧或令人怜悯的东西，而我却让人们能够爱它；你们是在一种扭拽切剁的车间里操作，我则是在蓝天之下，听着蝉鸣音乐从事观察；你们是强行将细胞和原生质置于化学反应剂之中，我是在各种本能表现最突出的时候探究本能；你们倾心关注的是死亡，我悉心观察的是生命。"我当然还要进一步表明我的思想："野猪们践踏了清泉之水；原本是研究人类童年的壮丽事业——自然史，却由于分离细胞技术的高度发达，反而变成了令人厌恶憎恨、心灰意冷的事物。一点儿不假，我在为学者们撰写文章，为将来有一天会多少为解决'本能'这一难题做些贡献的哲学家们撰写文章；但我也是在，而且尤其是在为年轻人撰写文章，我实在想让他们热爱这门你们这么想让人憎恨的自然史。这就是我为什么始终坚持真实所特有的一丝不苟的态度，要求自己不去读你们那类科学华章。你们那类说道，恕我直言，真好像是用休伦人②的土语写成的。"

然而此时此刻，我要做的不是这些事。我现在要做的，是说说我这块地。长期以来，它是各项计划中最能寄托我情思的一项，我有心将它变成一个活昆虫学实验室。这一小块地，最后终于在一个僻静的小村庄找到了。这是一处当地人所说的"阿尔玛斯"。这个词语，指的是一片只生着百里香类植物的多石生荒地。这种地极其贫瘠，连开犁的工本费都收不回来。如果春天偶尔下场雨，地

---

② 休伦人：北美印第安人的一支。

里长些青草出来，羊才会到这个地方转悠几圈。不管怎么说，我这块生荒地，由于碎石层间夹杂了少许红壤，过去还曾破天荒种过东西。有人说，这里从前种过葡萄。如今，为了种上几棵树，我们在地上挖坑，不定在哪儿会挖出诚属珍稀的乔本植物根条。但说实话，这些根条其实都已经在气候的长期作用下半炭化了。能够插进这种土质的工具只有三齿钢叉，于是我不断将三齿叉踩进地里，但每次掘起土来查看时都非常遗憾。据说，最初种植的葡萄树，早已经荡然无存。这块地上生长着的，倒是百里香、熏衣草和一些胭脂虫栎树丛。胭脂虫栎是一种矮小树种，人只要把腿稍微高抬一点儿，就可以跨着它们游走。这些植物，特别是前两种植物，对我会有用，因为它们可以为膜翅目昆虫提供采蜜的条件。我不得不把三齿叉掘起的百里香和熏衣草，连土石带草根一起复归原位。

我并未动手治理，因为这里有大量的流动土壤。开始时这些土粒随风而至，以后便长年积存下来。一眼望去，这块土地上长的最多的是一种禾本植物——狗牙根。这赶都赶不走的植物很讨厌，三年炮火连天的战争都没能将其斩尽杀绝。数量第二大的是矢车菊，它们都露着一副哭丧脸，身上披针挂刺，有的还带星状利器。这当中又分为双至矢车菊、蒺藜矢车菊、丘陵矢车菊和寒地矢车菊。其中比例最大的，当数双至矢车菊。在各种矢车菊交织难辨的乱丛当中，支棱着一种酷似枝杈形大烛台的菊科植物，枝梢上都吐着火苗般的橙红色大瓣花，人们称之为"西班牙狼牙棍"。它浑身长满粗硬凶险的尖刺，穿透力与铁钉不相上下。比狼牙棍还高的是伊利里亚矢车菊，它孤零零戳在地上，茎秆笔直，有一两米高，梢头顶着几个硕大的紫红色绒球。它浑身披挂的利器，与狼牙棍相比毫不逊色。我们别忘了，还有蓟类植物家族。第一种是险恶的蓟类，浑身棘刺，让采集者不知如何下手；第二种是披针蓟，叶丛茂密，叶脉末端形成梭镖般的硬尖；第三种是越长颜色越黑的蓟类，这种植物集缩成一团，酷似插满针刺的玫瑰花结。上述各种植物之间的空隙地面，爬着果实颜色发蓝的蔓生荆棘，

拉成长绳的秧条上装备着无数毛刺。如果想观看一下正在一簇刺丛中采蜜的蜂类，必须穿上半腿高的长筒靴，否则就得尝受腿肚子挂血丝的那种痒疼。当土壤中还保存着几场春雨的残留水分时，这片恶劣环境中的植物景观还是颇具独特魅力的。由双至矢车菊黄色花头铺成的大地毯上，矗立着一座座狼牙棍的金字塔，四下里是伊利里亚矢车菊投出的横七竖八的标枪。可夏日旱季一到，眼前只剩得一片荒芜，划根火柴就能蔓成满园大火。这就是，更准确地说，这曾经就是我获得这片园地支配权时的情形。当时，我把它当作迷人的伊甸园接收了下来，想从此与虫子为伍在里面生活。这是我经过四十年殊死斗争才换来的一块园地。

我那时称之为伊甸园；如今，以我最基本的价值取向为标准，这称法依然不变。这块不讨人喜欢的园地，大概从来没有

谁肯捏几粒萝卜种子埋进去。然而对膜翅昆虫来说，它就是一处地上天堂。它那长势旺盛的荆蓟和矢车菊，把周围的蜂类都吸引到了我的眼前。以往去野外捕捉昆虫学标本，从未见过一个地点能聚集如此众多的蜂类。可以说，操各种职业的蜂类，都到这里来约会。它们当中，有捕捉活食的猎工，有利用湿土造巢的垒筑工，有梳理绒絮的整经工，有从叶片或花瓣上裁切型材的备料工，有用碎纸片作材料的建筑工，有搅和黏土的抹工，有给木头钻眼的木工，有打地道的矿工，此外还有加工羊肠子薄膜的特种技术工……啊，还有，还有很多，只是我怎么才能把它们全都了解清楚呢？

这一位是干什么的？它是黄斑蜂。它在双至矢车菊蛛网状叶片的梗上刮来刮去，刮出一个小绒球儿，然后自豪地衔在大颚间。它要用叶梗绒在地下制作一些毛毡小口袋，封存自己的蜜食和卵粒。那些是干什么的，那些热情如此高涨地采着花蜜的？它们是切叶蜂。它们腹部下方带着采粉刷，刷子颜色不一，有黑色的、白色的，也有火红色的。它们还要离开荆蓟丛，飞到附近的小灌木丛里观看一下，在那里选些叶子，从上面切下些卵形小渣片。这些渣片，最后将全被运进一只干净容器里，那里专门保存收获来的花粉。再看那些穿着一身黑天鹅绒的，它们是干什么的？它们是石泥蜂，专门加工水泥和砾石。它们干的泥活儿，在这所荒石园的石子上随处可见。还有，再看那些突然启动，上下翻飞，左冲右突，嗡鸣大作的又是干什么的？它们是阳壁泥蜂。它们把家安在了附近那些旧墙上，以及朝阳的物体坡面上。

现在看看阴壁泥蜂。那一只正在一个卧姿空蜗牛壳里工作，把成串的小隔室堆放在壳内的螺旋坡道上。另一只正突然出击，爪尖直取一个立姿蜗牛壳内的软体，为自己的幼虫找到一所圆锥型居室；过后，又在里面一层楼一层楼地建造成排的小格子间。还有一只，正设法给一条断苇秆儿天然通道派上用场。再看那只多自在，它免费租用了某位建筑师蜜蜂那些尚可利用的长廊台。再继续看，那是大头蜂和丽纹蜂，它们的雄蜂都生着长长的触角。这是毛足蜂，后爪上那一对粗大的毛钳是采花粉的器官。这一种是地花蜂，它们是一个品种繁多的蜂类。旁边那种腰纤腹细的，它是隧蜂。暂时介绍这几种，事实上，种类太多了。如果我继续往下数，大概能把整个产蜜族类的蜂民们都检阅一遍。佩雷斯教授是位波尔多的昆虫学者，我发现新虫种后，都是向他请教如何命名。他曾经问我，是否可以用专门的捕虫方法，多多捕捉那些稀有虫种，甚至是新发现虫种，然后给他寄去。我的专业捕虫技术很差，而且热情更低，我给他送标本虫的用意，是想促进他的研究工作，而绝不是让他用大头针穿透后钉在匣子底上。我没有什么捕虫秘诀，究其原因，是因为我拥有这些茂密丛生的蓟草和矢车菊。

天赐良缘，这些成员众多的各个采蜜族群中，还加入了猎食族的成员。泥瓦匠们曾在我的荒石园中遗弃不少废料，园中到处能见到这儿一堆那儿一堆的沙子和石块，原本是准备造园子围墙用的。施工进度缓慢，拖拖拉拉，没完没了，结果从第一年开始，这些建筑材料就已经被占领了。石泥蜂们选择石堆缝作过夜寝室，挤在里面睡觉。粗壮的斑纹蜂遇到追逼时，不管你是人还是狗，它都会张着大口直向你冲来。这大个儿头的蜂类，在石料堆上选中的是一处深洞，以此防备过往金龟子的袭击。白袍黑翅，酷似穿着多米尼克会修士服的鹟鸰鸟，栖息在位置最高的石头上，在那里唱着粗制滥造的短曲小调。旁边石堆里的某处隐蔽点，准有它的窝，里面藏着天蓝色的小蛋。靠了石堆的遮蔽，多米尼克会的小修士们隐匿起来。如今，鹟鸰鸟已经不在了，我为此深感遗憾，这邻居是一种非常美丽的鸟类。至于长耳斑纹蜂，我无需为它遗憾什么。

沙堆则成了另一类虫民的幽居处。腹泥蜂正清扫地洞，向后蹚出一道道细土的抛物线。朗格多克泥蜂咬住无翅螽斯的触角，在那里使劲拖拽。大唇泥蜂把储藏食品叶蝉运入地窖。真叫我遗憾，那几位泥瓦匠后来赶走了这个猎物来源充足的昆虫部落。不过，假如哪天我想召回它们，需要做的只是再搞出一些沙堆：它们过不多久就都会回来。

居无定所的各种土蜂没有走开，我在春天能看见一种，在秋天能看见其他几种。它们在园中小道间和细草坪上游来荡去，寻觅着什么毛虫。各种蛛蜂也依旧留在园中，它们警觉机敏地飞行，振翅悬定在半空，上下左右巡视犄角旮旯儿，随时准备扑逮一只蜘蛛。个头儿最大的蛛蜂，专盯着纳尔包讷狼蛛，这种蜘蛛的洞穴在园中数量不少。狼蛛地洞呈竖井状，井口有蛛丝粘连杂草棍儿圈成的井栏。探看洞底深处，这巨型蜘蛛的眼睛在闪闪发光，大多数人都会感到发瘆。对蛛蜂来说，这猎物太厉害了，猎捕它不知要费多大劲，冒多大险！现在快看，在这盛夏午后的酷暑中，蚂蚁马队出动了。它们从营房出来，排成长蛇阵，一路向远方走去，准备进行一场由蚁奴们完成的狩猎。我们不妨忙里偷闲，随蚁队看一会儿围捕行动。这边还有呢，一堆已经变成腐殖质的杂草周围，一群身长一寸③半的土蜂正懒洋洋地飞动着，然后一头扎进烂草堆。引起它们兴奋的是一类鲜美的猎物，即鳃角金龟、独角仙和金匠花金龟的幼虫。

值得研究的对象太多了，这里提到的远远不够齐全！园中人宅闲置时，地面也没有人管。没有人，动物踏实了，它们跑进园子，占据了各类空间。黄莺在丁香树上选址安了家。翠鸟在柏树密枝间落了户。麻雀在每片房瓦下塞进了破布头儿和碎稻草。梧桐树梢上落下南来的金丝雀，啾啾啾地欢唱着，建造出柔软的小窝巢，看上去像半个黄杏。鸱鸮适应了园中环境，每晚赶来试演自己作的单调曲谱，歌喉悠婉得像笛声。人称雅典娜鸟的猫头鹰，也跑到这里来呻吟与长号。房前有一大片池塘，向全村输送泉水的渡槽，也不断将清水注入这池塘。池塘周围方圆一公里的地面，是两栖动物恋爱季节的好去处。灯芯草蟾

---

③ 一寸：指法国长度单位寸，一法寸约合27.07毫米。

蜍，有的个头儿像盘子一样大，它们披
着一条挨一条的黄色细饰带，相约着到
池塘来泡澡。黄昏光景，人们看见雄性助
产士蟾蜍在池塘边上颠跳，两条后腿间拖
挂着一嘟噜胡椒粒一般的大卵粒。宽厚温和的
一家之父，带着珍贵的包袱远道而来，把这包无价
之宝置于水中，然后再离开池塘，躲进一块石板，从
石板下发出一阵铜铃般的咕呱声。成群的雨蛙躲在树
丛里，它们还不大想现在就叫，所以正操着优美的姿势
玩跳水。五月里，夜幕刚一降临，池塘便开始变成一
座震耳欲聋的乐池，你在饭桌上甭想交谈，在床
上甭想睡觉。要想让园内保持良好秩序，非
采取些格外严厉的措施不可，不然怎
么得了？想睡而无法睡
的人，心自然会变得狠些。

然而，膜翅目昆虫却无法无
天，它们竟占领了房宅。我的门槛上有
石灰抹平的宽缝，扎着白腰带的土蜂正在
那里掏细渣做窝，我进出房门都得格外小心，
生怕摧毁它的地洞，担心会一脚踩在专心致志
劳作的矿工上。已经整整二十五年，我
没有见过这捕食蝗虫的猎手了。
记得头一回见它，是走出
几公里之外才见到
的。那以后

每次去见它，都要顶着难以忍受的八月骄阳，长途跋涉地走一趟。可是今天，我在家门口又见到了它，我们成了亲密的邻居。不打开窗扇的窗户，为伯罗奔尼撒蜂提供了温度适中的套间，泥筑的蜂巢就建在规整石材砌成的内墙壁上。这捕食蜘蛛的猎手回家时，穿过窗框本身就有的一个现成小洞，钻入自己房中。百叶窗装饰框上，几只个体操作的石泥蜂正建造各自的隔室群。略微开启的防风窗内侧板面上，一只蜾蠃蜂正建筑圆顶小屋，屋顶开出一个细颈喇叭口。胡蜂和长脚胡蜂是与我共餐的常客，它们来到饭桌上，尝尝端上来的葡萄是否已经熟透。

当然，以上例数的动物种类，远远不够齐全。它们是一个成员众多的社会，但组成这样一个社会的族群是经过我选择后确定的。我只要设法勾引它们开口，就能与它们展开交谈，从而忘却孤寂，保持心情舒畅。我往日喜欢上的虫子，我的老朋友们，以及最近结识的新朋友们，都聚在我的眼前，挤在这小天地里，猎食，采蜜，筑巢。即使有必要多变换观察地点，事情也好办，几百步外就是座山。山里有野草莓丛、岩蔷薇丛和欧石南丛，有腹泥蜂喜爱的沙质土层，有各种膜翅昆虫已开发利用的泥灰质地面。正因为事先就认准了这批财富，我才毅然逃离城市躲进村庄，到塞里尼昂这地方来，干起给萝卜锄草、给莴苣浇水的活计。

人们花费大量资金，在大西洋沿岸和地中海边建起多处实验室，供解剖对我们没什么意义的海洋小动物用。人们不惜工本，既购置高倍显微镜、精致解剖器材、捕捞机和船只，又雇用捕捞人员、建造水族馆，为的是了解环节动物的卵块如何分裂。这名堂有多大意义，我至今也没能弄明白。人们对陆地上的小虫不屑于一顾，殊不知它们始终和我们息息相关地生活在一起，它们为普通心理学提供着价值无法估量的基础资料，它们疯狂侵吞作物的行为频繁损害原本非常看好的公共收益。正因为如此，我们迫切需要一座昆虫学实验室，一座研究活昆虫而不是泡在三六酒④里的死昆虫的实验室,一座以探究这个小世界中的本能、风俗、生活方式、劳作、斗争、繁衍等为目的的实验室。这个小世界,是农业和哲学都须要严肃对待的。透彻掌握我们葡萄树的蚕食者的历史,或许比认识一只蔓足纲动物的神经网末梢更重要。通过实验来划清智力与本能之间的界线;以事实为依据,以动物学序列为参照,从而见出人类理性思维是不是一种不会退化的功能;这一切的第一步,都要从计数一只甲壳动物的触须有多少环节开始。解决这类重大问题,大概要靠的是一支劳动大军,然而事实上,我们一无所有。当今的时尚,是关注软体动物和植状动物。深海已经用铺天盖地般的拖网彻底探查了,踩在我们脚下的大地却无人问津。在等待人们改变时尚的日子里,我启动了供活昆虫学使用的荒石园实验室。这座实验室将不会难为纳税人,因为不从他们腰包里掏一文钱。

[原著第2卷《荒石园》一文全译]

---

④ 三六酒:一种法国烧酒。由于饮用时先从容器中取出三分一,再往容器中兑入等量的水,故称"三六酒"。

《昆虫记》境界·法布尔理想

—— 致少年读者

　　明天是国际儿童节，首先替法布尔老人问候中国小读者。法布尔一贯重视儿童教育，保护儿童少年的创造精神，主张青少年应得到身与心的全面发展。他珍视孩童特有的纯朴，将"天真"视为昆虫学工作者的"品质"。如果此时法布

尔得知，这样一本为孩子们选译的《昆虫记》即将在中国问世，他一定会借六一儿童节到来之机，表达他一百年前就想向中国小朋友表达的深切思念和美好祝愿！至于我本人，研读、翻译法布尔作品二十春秋，这是经过数年思考和准备之后，第一次决心为包括儿童和青少年在内的中国少年读者选译一本《昆虫记》。法布尔撰写《昆虫记》，"内容主干"是反映自己的科学成果和研究历程，学术性相当强。换句话说，它的确不是什么"儿童读物"或"幼儿读物"。可另一方面，这部巨著生着浸透人性的条条"精神支干"，长着富于艺术

性的簇簇"言语枝叶"，具有独特的气质与魅力，可以优化美
化孩子们的精神世界。如何做到使译作既忠实于原著的特质
和整体风貌，又适合于中国少年读者的普遍情趣、知识结构
和接受能力，的确是件需要费尽琢磨的事。如今，为中国小
读者精心选译一本法布尔佳作的愿望总算实现了。愿把这本书当作节日礼物，
献给渴望精神食粮的最年轻一代中国人。

　　《昆虫记》十大卷，原著书名为《昆虫学忆札》，也不妨译作《昆虫学记》；
它还有一个副标题，即"有关昆虫本能及习俗的研究"。这部出自昆虫学家之
手，汇集自然科学成就的巨著，独树一帜地采用了与众不同的写法。关于这种
写法，法布尔自己其实说过：撰写《昆虫记》是在"写作散文"。法布尔将科学
素材写成散文，其方法简而言之就是"散文化"。他这种散文化的基本要领，择
其要大致有如下几条：其一，讲究语言风格，笔调流畅、轻松、幽默、亲切；
其二，调动多种创作手法，记、述、描兼备，析、议、抒并举，正、倒、插叙
皆宜；其三，"我"随时进入文内书中，引来人言人行、人心人情，自然科学平
添人文气象；其四，最大限度地运用模糊虫、人界限的技巧，书写虫界精于"拟
人"，关照人间长于"比虫"，既以人性观虫，又以虫性鉴人。昆虫学被写成高
超的散文，科学价值没有丧失，因为其学科精髓依旧，只是冲淡些浓度而"散"
于"文"中了。大量科研工作被如此撰写成文，公诸于世，昆虫学反而得到前
所未有的普及，无数普通人对昆虫学产生兴趣，有所认识，抱以尊重。

　　扼要介绍法布尔将科学研究及成果写成散文的方法，不仅仅是在做几点总
结，更重要的是想鼓励小读者们借此萌发志趣，树立志向。也许将来某一天，

你们当中会出现法布尔式的科学家作家，甚至能令人惊叹地写出了散文巨著《植物记》。不过，只掌握法布尔的写作方法还远远不够。必须懂得，《昆虫记》之所以成为传世佳作，是因为它被写出了境界，一种相当高的境界。作者使一部反映自然科学的著作得到了升华，而且是不只一个层面的升华。法布尔笔下，昆虫学升华到知识百科境界，学术报告升华到言语艺术境界，研究资料升华到审美情趣境界，虫性探究升华到人性反省境界。一言以蔽之，科学升华到了文学境界。这是一种虫、人互映，人性、虫性交融的文学境界。这种境界，就是我们所说的"《昆虫记》境界"。正因为如此，世界上一代又一代读者，从法布尔的书中获取知识、趣味、美感、哲理和思想。

包括少年朋友在内的广大读者领略《昆虫记》境界，心性得到某种陶冶，心灵得到某种净化。领略人写的书，也应该领悟写书的人。即使未曾研究作者的有关生平资料，精读细品《昆虫记》也可以悟出，写书的是一位执著追求的人。家境贫寒，他要坚持读完初中；早年分享不到良好学校教育，他立志当一名能给人知识的老师；成为一家之父，他希望自己的加倍辛勤能够让全家温饱；

自感学历不深，他决心靠长期自学拿到博士学位；城市没有研究条件，他盼望在乡村拥有一处昆虫学实验基地。诸如此类经过艰苦奋斗可以实现的阶段性理想，锻造着他的意志品质。此外，他主张人要正直、真诚，社会要公正、公平，人类要友爱、和平。这类寄托了善良信仰的理想，涵养着他的道德情操。与意志品质和道德情操相通，他将自身价值的重心落实在"真正"二字上：做真正的人，干真正的事。这一价值观具体转化为他的理想，那就是：做真正的科学家，以探求真相真理为天职的科学家；从事真正的科学，以人类命运为意志的科学。这是《昆虫记》作者为之奋斗不息、实践终生的至高理想，也是召唤得出更多具备人文精神的自然科学家的"法布尔理想"。

　　亲爱的小读者们，眼下我们已不缺各式各样的《昆虫记》译本，也不缺或详或略的法布尔故事，但仍感特别需要的正是《昆虫记》境界和法布尔理想，以及它们所昭示的信念——事做出境界，人追求理想。当然，有理想才有境界，有崇高理想的人才做得成有高尚境界的事。这一点，千真万确，值得牢记。

王　光

2006 年 5 月 31 日

世界经典动物名著（美绘版）

狼王梦

昆虫记

海豹历险记

白驯鹿传奇

山雀的日历

惊心动魄的故事情节，
讲述动物世界的爱恨情仇。
感人至深的情感描写，
展现动物们的内心世界。
丰富的自然知识介绍，
增强孩子对自然的热爱之情。

动物文学大师的
传世佳作，
影响孩子一生的
文学名著！

本丛书收入法布尔、西顿、比安基等动物文学
大师的传世佳作，名著名译，彩插精美，物超所值！

翻开它，你会为动物生命的力量而震惊；
阅读它，你会为动物生命的尊严而感动！

定价 23元/册